安全衛生選書

建設現場における安全衛生活動の進め方

はじめに

　長く続いた不況の影響で、建設会社の本社、支社、店社、作業所等における安全衛生担当部署の廃止・縮小、担当者の減員が余儀なくされ、安全衛生管理を推進する手法やノウハウの伝承にも支障が生じている姿が見られます。

　本書は、建設業・専門工事業者の労働災害防止を図るため、安全衛生管理、安全衛生活動の内容と方法、安全衛生教育、健康管理、法定実施事項、活動実例等についてわかりやすくまとめた「建設業・専門工事業の安全衛生・災害防止必携」(建設業災害予防研究会編、労働調査会発行)を素材とし、さらに現場で安全衛生を推進する際のノウハウといえる各種の実務的な様式例を、各項目にふんだんに追加掲載しました。

　安全衛生スタッフの方々が建設現場で安全衛生管理を実践する場合の一助となることを目的に、「見ればわかる」「そのまま使える」「すぐに役に立つ」解説書であることを目指して編集しました。

　本書により、建設現場における安全衛生活動が少しでも効率的、効果的に推進されることを祈念致します。

平成25年6月
編者

建設現場における 安全衛生管理の進め方 目次

第1章　安全衛生管理計画の立て方

1 基本方針 …………………………………………………………………………… 8

2 スローガン ………………………………………………………………………… 8

3 目標 ………………………………………………………………………………… 9

4 重点実施項目 ……………………………………………………………………… 9
　［様式例］安全衛生方針　………… 10
　［様式例］工事安全衛生目標　………… 10
　［様式例］作業所安全衛生管理計画表　………… 11

5 具体的実施事項 …………………………………………………………………… 12

6 安全衛生管理組織 ………………………………………………………………… 13
　［様式例］安全衛生管理組織図（元方事業者）①　………… 16
　［様式例］安全衛生管理組織図（元方事業者）②　………… 17
　［様式例］作業所施工管理組織図　………… 18
　［様式例］作業所安全衛生管理組織図①　………… 19
　［様式例］作業所安全衛生管理組織図②　………… 20
　［様式例］緊急時連絡系統図及び対策組織編成表　………… 22
　［様式例］防火管理責任体制表　………… 24

7 工程別安全衛生管理計画 ………………………………………………………… 26
　［様式例］全工期安全衛生管理計画表　………… 30
　［様式例］全工程安全衛生管理計画表　………… 32
　［様式例］月別安全衛生管理計画表①　………… 34
　［様式例］月別安全衛生管理計画表②　………… 36
　［様式例］工事別安全衛生管理計画表①　………… 38
　［様式例］工事別安全衛生管理計画表②　………… 40
　［様式例］車両系建設機械等作業計画書　………… 42
　［様式例］作業所の安全衛生管理業務分担表　………… 44

第2章　毎日・毎週・毎月の安全衛生活動の進め方

○安全衛生サイクル活動（例） ……………………………………………………… 46

1 毎日の安全衛生サイクル活動 ………………………………………………… 48
　①朝礼 ……………………………………………………………………………… 49
　　［様式例］朝礼記録 …………… 53
　②ツール・ボックス・ミーティング（ＴＢＭ） ……………………………… 54
　　［様式例］ＴＢＭ記録簿 …………… 55
　　［様式例］安全ミーティング日報 …………… 56
　　［様式例］安全作業指示書 …………… 57
　　［様式例］安全作業手順書 …………… 58
　　［様式例］ＫＹ日報 …………… 59
　③作業開始前点検 ………………………………………………………………… 60
　④職長巡視 ………………………………………………………………………… 63
　⑤所長・元請け職員の巡視と指導 ……………………………………………… 64
　⑥安全衛生作業工程打ち合わせ ………………………………………………… 66
　　［様式例］安全工程打ち合わせ書 …………… 68
　⑦持ち場片付け …………………………………………………………………… 70
　⑧作業終了前点検 ………………………………………………………………… 70
　⑨元請け担当者の確認 …………………………………………………………… 71
　　［様式例］毎日の安全衛生活動表（安全施工サイクル） …………… 72
　　［様式例］ヒヤリ・ハット報告書 …………… 74
　　［様式例］安全改善提案書 …………… 75

2 毎週の安全衛生サイクル活動 ………………………………………………… 76
　①元請け職員、職長パトロール ………………………………………………… 76
　②安全衛生作業工程打ち合わせ会議 …………………………………………… 76
　③一斉片付け ……………………………………………………………………… 77
　　［様式例］毎週の安全衛生活動表（安全施工サイクル） …………… 78

❸ 毎月の安全衛生サイクル活動 ………………………………………………… 79
　①合同パトロール ……………………………………………………………… 79
　　［様式例］安全衛生点検是正指示書 …………… 84
　　［様式例］是正報告書 …………… 85
　②安全衛生大会 ………………………………………………………………… 86
　③安全衛生協議会 ……………………………………………………………… 87
　　［様式例］安全衛生協議会組織図① …………… 88
　　［様式例］安全衛生協議会組織図② …………… 89
　④月例点検（定期自主検査） ………………………………………………… 90
　　［様式例］毎月の安全衛生活動表（安全施工サイクル） …………… 92

第3章　各種の安全衛生活動の進め方

❶ 随時実施する安全衛生活動 …………………………………………………… 94
　①入場予定業者との打ち合わせ ……………………………………………… 94
　　［様式例］安全衛生誓約書 …………… 95
　　［様式例］安全衛生責任者選任報告書 …………… 96
　　［様式例］作業主任者選任報告書 …………… 97
　②持ち込み機械等の点検 ……………………………………………………… 98
　　［様式例］持ち込み機械使用許可願い書 …………… 99
　③作業開始前点検 ……………………………………………………………… 100
　④特定自主検査 ………………………………………………………………… 105

❷ 教　育 …………………………………………………………………………… 108
　①新規入場者教育 ……………………………………………………………… 108
　　［様式例］新規入場者順守事項書 …………… 114
　②安全衛生教育 ………………………………………………………………… 116
　　⑴雇入時教育 ………………………………………………………………… 116
　　⑵職長教育 …………………………………………………………………… 117
　　⑶特別教育 …………………………………………………………………… 118
　　⑷専門工事業者等の教育 …………………………………………………… 120

3 健康管理 ……………………………………………………………………… 121
　①雇入時の健康診断 ………………………………………………………… 121
　②定期健康診断 ……………………………………………………………… 122
　③有機溶剤健康診断 ………………………………………………………… 123

4 その他の法定実施事項 ………………………………………………… 124
　①掲示・表示 ………………………………………………………………… 124
　②合図 ………………………………………………………………………… 126
　③立入禁止措置等 …………………………………………………………… 127
　④作業指揮者の選任 ………………………………………………………… 130
　⑤監視人・誘導者の配置 …………………………………………………… 131
　⑥周知 ………………………………………………………………………… 132
　⑦保護具の着用 ……………………………………………………………… 134
　⑧保護具の使用状況の監視 ………………………………………………… 136
　⑨悪天候 ……………………………………………………………………… 138
　⑩悪天候による作業禁止・点検 …………………………………………… 139
　⑪有資格者の配置 …………………………………………………………… 141
　⑫作業主任者の選任 ………………………………………………………… 142
　⑬女性の就業制限 …………………………………………………………… 144
　⑭年少者の就業制限 ………………………………………………………… 145

第4章　職長の役割

1 職長の安全衛生活動 …………………………………………………… 149
2 職長会 …………………………………………………………………… 152

第5章　安全衛生活動事例

1 社会福祉施設新築工事 ………………………………………………… 160
　①安全衛生管理方針 ………………………………………………………… 161
　②作業所施工管理組織 ……………………………………………………… 162

③作業所安全衛生管理組織 …………………………………………… 163
　　④工程別安全衛生管理計画・月別安全衛生管理計画 ………………… 164
　　⑤安全衛生活動 ……………………………………………………… 166

2 保育園・共同住宅改築工事 ……………………………………… 170
　　①安全衛生管理計画 ………………………………………………… 171
　　②安全衛生管理組織 ………………………………………………… 173
　　③安全衛生管理実施計画 …………………………………………… 176
　　④作業所安全衛生協議会組織 ……………………………………… 179
　　⑤安全衛生管理計画 ………………………………………………… 180
　　⑥安全衛生活動 ……………………………………………………… 188
　　⑦協力会社への協力要請 …………………………………………… 192
　　⑧作業標準例 ………………………………………………………… 196

第1章

安全衛生管理計画の立て方

　建設業における労働災害の防止を図るためには、企業における安全衛生の基本姿勢と位置付けを明確にすることが大切である。

　そのためには、企業として、安全と健康の確保について、基本方針を定め、目標を設定し、目標を達成するための重点実施項目を決定し、それらを実行するため、関係者全員による安全衛生監理組織をつくり、建設工事の全工程において災害要因を生じさせない安全衛生管理計画を立てることが必要である。

1 基本方針

　職場における安全と健康の確保は、労働福祉の原点である。
　企業は労働者の生命と健康を守る責任と義務がある。そのために企業としての労働安全衛生の位置付けを明確にし、労働災害を発生させないための基本姿勢を示すことが必要である。

- **例1**　「人命尊重」という安全の原点に立ち返り、「災害ゼロ」を「やる気と努力と知力」をもって達成する。
- **例2**　労働災害を未然に防止するため、工事の進捗状況に応じた適切な災害防止対策を立てるとともに、毎日の安全衛生活動を通じて、作業所で働く全作業員の安全衛生確保に努める。
- **例3**　安全衛生管理の基本理念は「人間尊重」の精神を基盤とするものである。
- **例4**　「やらされる安全」から「自分でやる安全」へ、一人ひとりが「自分の安全は自分が守る」「仲間の安全は自分が守る」ことを実行する。

2 スローガン

　企業としての基本方針、重点実施項目等について簡潔に表現し、職場の安全衛生意識を高めることが大切である。

- **例1**　基本を守って安全作業
- **例2**　人命尊重、建設業のイメージアップ
- **例3**　落ちるな、落とすな、はさまれるな
- **例4**　まず確認、具体的指示と手順の周知
- **例5**　見過すな、危険な施設、不安全行動
- **例6**　安全は一人ひとりの積み重ね
- **例7**　安全は一人ひとりが責任者

3 目標

　労働災害を発生させないよう、関係者の達成目標を具体的に示すことが大切である。災害発生件数や発生率で示すことは必ずしもよい方法ではない。

例1　全工期、無事故、無災害の達成
例2　墜落災害の絶滅
例3　重機災害の絶滅

4 重点実施項目

　重点実施項目は、基本方針に基づき、目標を達成するための労働災害防止の重点項目である。作業所の実態に合ったものとすることが大切である。

例1　施工計画における安全衛生の確保
例2　安全衛生管理体制の確立
例3　安全衛生活動の活性化
例4　墜落災害の防止
例5　重機災害の防止
例6　移動式クレーン災害の防止
例7　専門工事業者の安全意識の高揚
例8　健康管理の徹底
例9　安全衛生教育の徹底

第1章◆安全衛生管理計画の立て方

> 様式例

安全衛生方針

下記の安全衛生方針の下に、安全衛生管理を実践する。

安全衛生方針

> 様式例

工事安全衛生目標

全工期無事故・無災害を達成するため、重点目標として取り組む事項を次のとおり定める。

スローガン
工事安全衛生目標

❶ 基本方針　❷ スローガン　❸ 目標　❹ 重点実施項目

様式例

作業所安全衛生管理計画表

1. 作業所長安全衛生管理方針 →　[　　　　　　　　]

　　[スローガン]

2. 作業所安全目標　→　[　　　　　　　　]

3. 重点実施事項　→　[　　　　　　　　]

4. 実施項目

重点実施事項	具 体 的 対 策	実 施 者	
		元方事業者	専門工事会社

5 具体的実施事項

　具体的実施事項は、重点実施項目を実施するうえでの具体的なものである。現場の実態に合ったもの、効果的なもので、わかりやすくすることが大切である。

例1　施工計画における安全衛生の確保
　　　①安全衛生を組み込んだ施工計画の作成
　　　②作業標準書の作成と活用
　　　③安全作業指示の徹底

例2　安全衛生管理体制の確立
　　　①店社の安全衛生管理体制の確立と責務の明確化
　　　②協力会社、店社の安全衛生管理体制の確立
　　　③施工管理体制と安全衛生管理体制の一体化
　　　④安全衛生管理の責務の明確化
　　　⑤ライン管理の徹底

例3　安全衛生活動の活性化
　　　①毎日の安全衛生活動の実行
　　　②毎週、毎月の安全衛生活動の実施
　　　③関係者全員参加による安全衛生活動の徹底

例4　墜落災害の防止
　　　①適切な作業床の設置
　　　②作業床端部、開口部まわりへの適切な手すりの設置
　　　③親綱の設置、安全帯使用の徹底

例5　重機災害の防止
　　　①重機作業範囲への立入禁止措置の徹底
　　　②有資格者の配置
　　　③用途外使用禁止の徹底

例6　移動式クレーン災害の防止
　　　①地盤確保の徹底
　　　②アウトリガーの完全張り出しの徹底
　　　③旋回内立入禁止の徹底

④玉掛け用具点検の励行
　　　⑤資格者の配置
　　　⑥合図の徹底

例7　専門工事業者の安全意識の高揚
　　　①安全衛生管理計画の作成
　　　②安全衛生管理体制の確立
　　　③安全衛生活動の活性化
　　　④職長教育の徹底
　　　⑤現場パトロールの実施
　　　⑥職長会活動の実施

例8　健康管理の徹底
　　　①健康診断の全員実施
　　　②ＴＢＭにおける健康状況の把握の徹底
　　　③粉じん作業における防じんマスク着用の徹底
　　　④有機溶剤作業における防毒マスク着用の徹底

例9　安全衛生教育の徹底
　　　①作業主任者等資格講習の完全受講
　　　②職長教育講習の完全受講
　　　③新規入場者教育の全員実施

6　安全衛生管理組織

労働災害防止を図る基本の一つが、安全衛生管理組織である。
安全衛生管理組織の役割は、下記のことが必要である。

例1　施工管理組織と安全衛生管理組織を一体化し、元請け現場代理人は職長を安全衛生責任者とし、作業員をとりまとめさせること。

例2　災害防止協議会を設置し、元請け職員及び専門工事業者の店社の安全衛生責任者・現場の安全衛生責任者（職長）の出席により、安全衛生管理の基本方針、労働災害防止の基本計画等の策定等を行うこと。

例3　ラインによる安全衛生管理の徹底を図ること。

例4　店社安全衛生管理者、店社の安全衛生推進者等は現場の指導を適切に実施すること。

安全衛生管理組織（例）

○○○建設㈱○○マンション新築工事作業所　安全衛生管理組織表

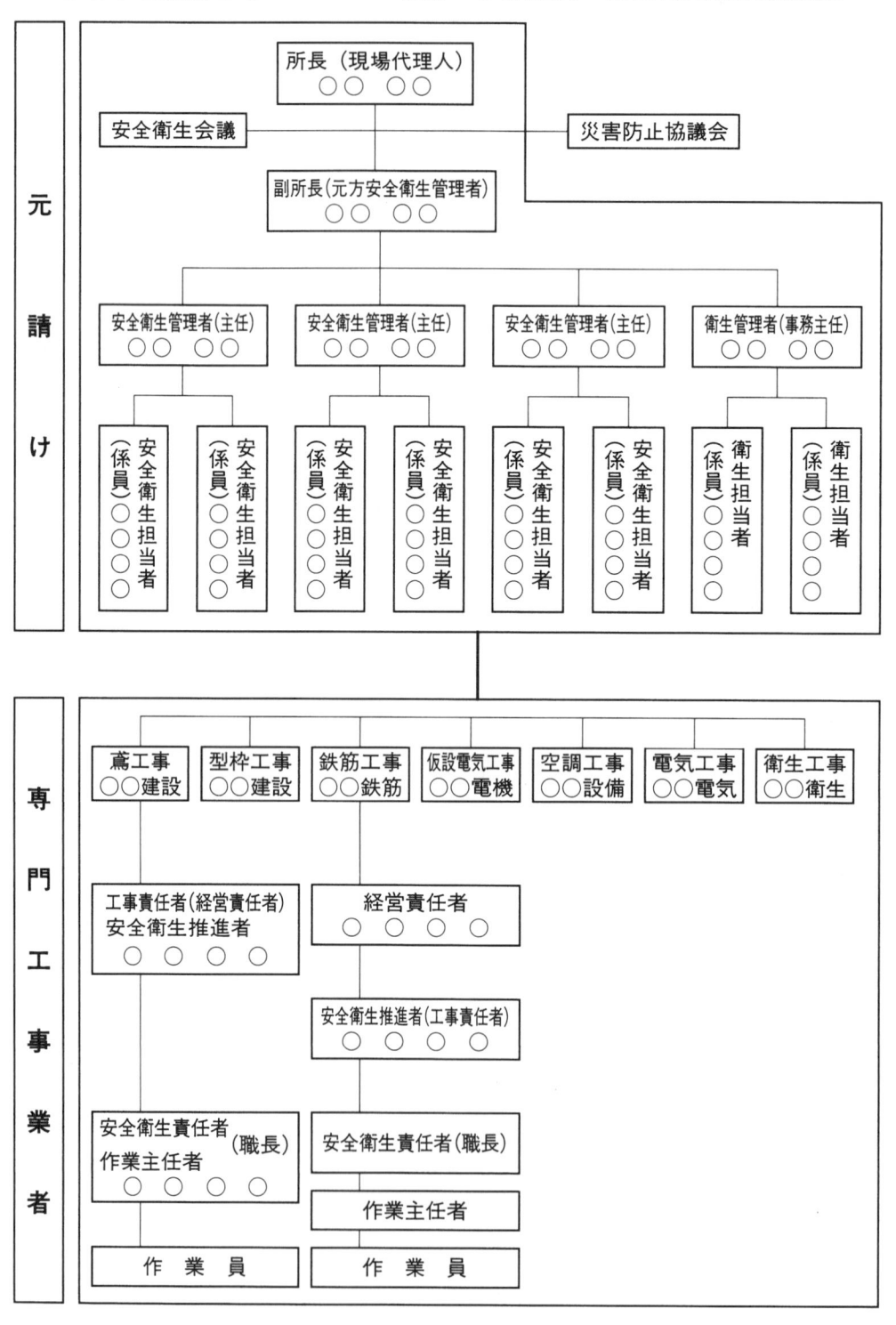

元請け

- 所長（現場代理人）○○　○○
  - 安全衛生会議
  - 災害防止協議会
  - 副所長（元方安全衛生管理者）○○　○○
    - 安全衛生管理者（主任）○○　○○
      - （係員）安全衛生担当者○○○
      - （係員）安全衛生担当者○○○
    - 安全衛生管理者（主任）○○　○○
      - （係員）安全衛生担当者○○○
      - （係員）安全衛生担当者○○○
    - 安全衛生管理者（主任）○○　○○
      - （係員）安全衛生担当者○○○
      - （係員）安全衛生担当者○○○
    - 衛生管理者（事務主任）○○　○○
      - （係員）衛生担当者○○○
      - （係員）衛生担当者○○○

専門工事業者

- 鳶工事　○○建設
- 型枠工事　○○建設
- 鉄筋工事　○○鉄筋
- 仮設電気工事　○○電機
- 空調工事　○○設備
- 電気工事　○○電気
- 衛生工事　○○衛生

- 工事責任者（経営責任者）安全衛生推進者　○○○
  - 安全衛生責任者（職長）作業主任者　○○○○
    - 作業員

- 経営責任者　○○○
  - 安全衛生推進者（工事責任者）
    - 安全衛生責任者（職長）
      - 作業主任者
        - 作業員

6 安全衛生管理組織

年　月　日

下請負業者編成表

（一次下請負業者＝作成下請負業者）

会　社　名	
安全衛生責任者	
主 任 技 術 者	
工事	専 門 技 術 者	
	担当工事内容	
工期	年　月　日～　年　月　日

（二次下請負業者）

会　社　名	
安全衛生責任者	
主 任 技 術 者	
工事	専 門 技 術 者	
	担当工事内容	
工期	年　月　日～　年　月　日

（二次下請負業者）

会　社　名	
安全衛生責任者	
主 任 技 術 者	
工事	専 門 技 術 者	
	担当工事内容	
工期	年　月　日～　年　月　日

（二次下請負業者）

会　社　名	
安全衛生責任者	
主 任 技 術 者	
工事	専 門 技 術 者	
	担当工事内容	
工期	年　月　日～　年　月　日

（三次下請負業者）

会　社　名	
安全衛生責任者	
主 任 技 術 者	
工事	専 門 技 術 者	
	担当工事内容	
工期	年　月　日～　年　月　日

（三次下請負業者）

会　社　名	
安全衛生責任者	
主 任 技 術 者	
工事	専 門 技 術 者	
	担当工事内容	
工期	年　月　日～　年　月　日

（三次下請負業者）

会　社　名	
安全衛生責任者	
主 任 技 術 者	
工事	専 門 技 術 者	
	担当工事内容	
工期	年　月　日～　年　月　日

（四次下請負業者）

会　社　名	
安全衛生責任者	
主 任 技 術 者	
工事	専 門 技 術 者	
	担当工事内容	
工期	年　月　日～　年　月　日

（四次下請負業者）

会　社　名	
安全衛生責任者	
主 任 技 術 者	
工事	専 門 技 術 者	
	担当工事内容	
工期	年　月　日～　年　月　日

（四次下請負業者）

会　社　名	
安全衛生責任者	
主 任 技 術 者	
工事	専 門 技 術 者	
	担当工事内容	
工期	年　月　日～　年　月　日

（全建統一様式）

様式例

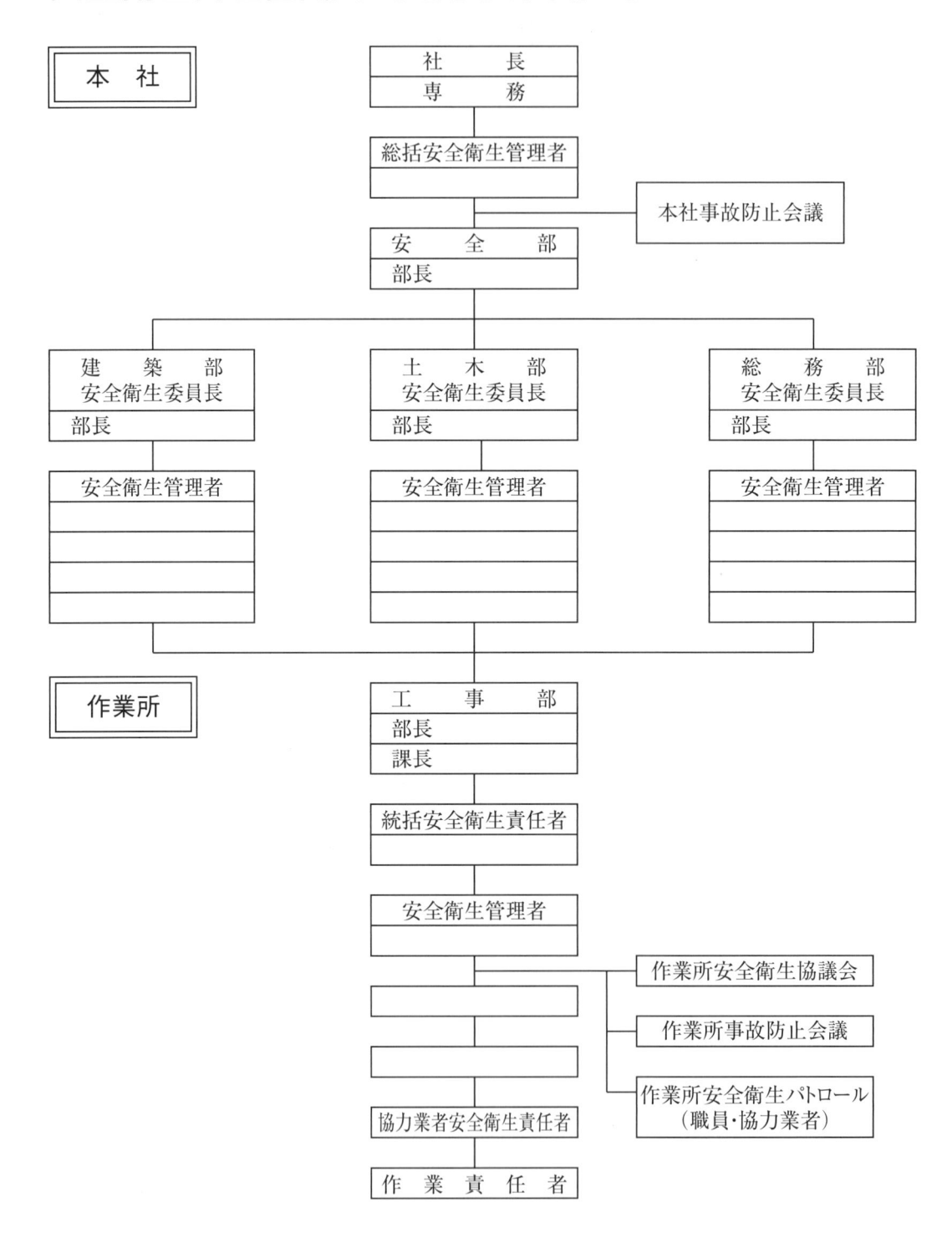

安全衛生管理組織図（元方事業者）①

本社

- 社長
- 専務
- 総括安全衛生管理者 ── 本社事故防止会議
- 安全部 部長

  - 建築部 安全衛生委員長 / 部長
    - 安全衛生管理者
  - 土木部 安全衛生委員長 / 部長
    - 安全衛生管理者
  - 総務部 安全衛生委員長 / 部長
    - 安全衛生管理者

作業所

- 工事部 部長 / 課長
- 統括安全衛生責任者
- 安全衛生管理者
  - 作業所安全衛生協議会
  - 作業所事故防止会議
  - 作業所安全衛生パトロール（職員・協力業者）
- 協力業者安全衛生責任者
- 作業責任者

6 安全衛生管理組織

様式例

安全衛生管理組織図（元方事業者）②

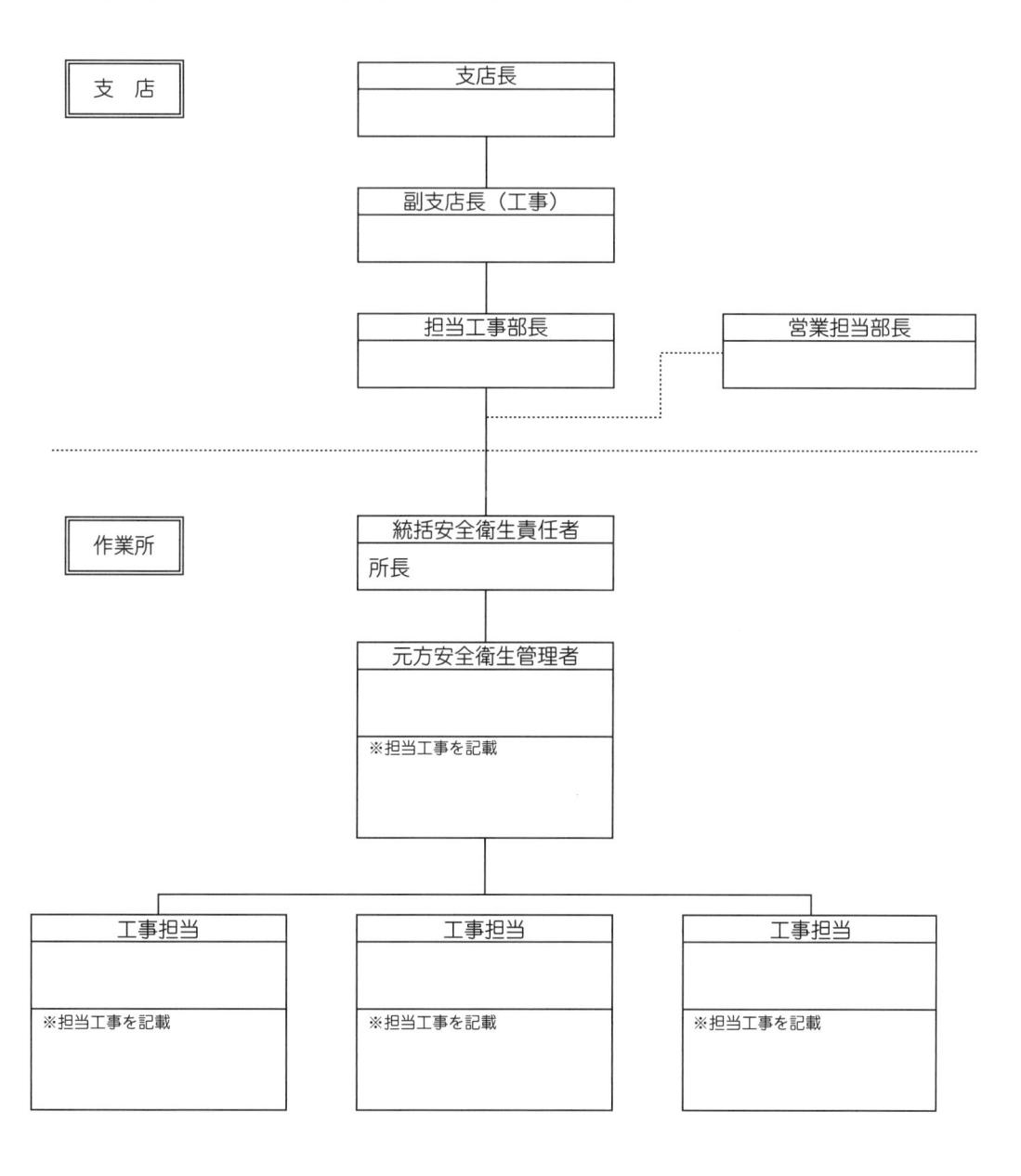

支店

- 支店長
  - 副支店長（工事）
    - 担当工事部長
    - 営業担当部長

作業所

- 統括安全衛生責任者　所長
  - 元方安全衛生管理者
    ※担当工事を記載
    - 工事担当
      ※担当工事を記載
    - 工事担当
      ※担当工事を記載
    - 工事担当
      ※担当工事を記載

第1章◆安全衛生管理計画の立て方

様式例

作業所施工管理組織図

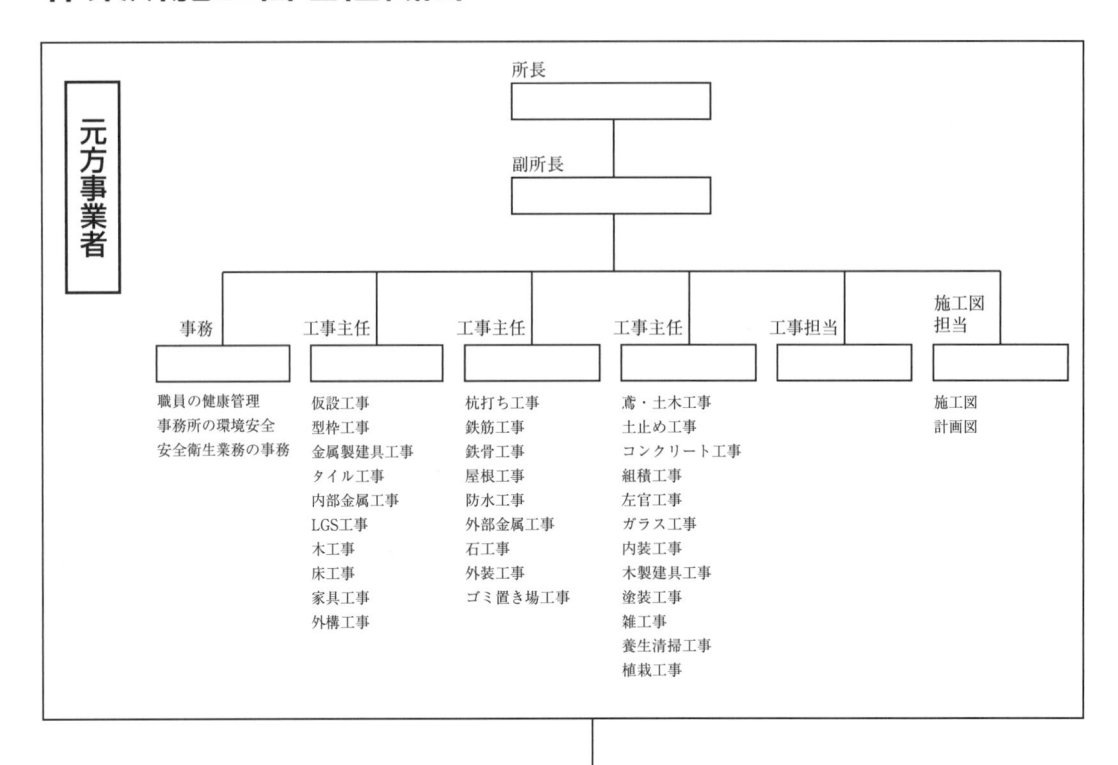

元方事業者

```
                    所長
                     │
                    副所長
   ┌─────┬─────┬─────┬─────┬─────┐
  事務  工事主任 工事主任 工事主任 工事担当 施工図担当
```

事務	工事主任	工事主任	工事主任	工事担当	施工図担当
職員の健康管理 事務所の環境安全 安全衛生業務の事務	仮設工事 型枠工事 金属製建具工事 タイル工事 内部金属工事 LGS工事 木工事 床工事 家具工事 外構工事	杭打ち工事 鉄筋工事 鉄骨工事 屋根工事 防水工事 外部金属工事 石工事 外装工事 ゴミ置き場工事	鳶・土木工事 土止め工事 コンクリート工事 組積工事 左官工事 ガラス工事 内装工事 木製建具工事 塗装工事 雑工事 養生清掃工事 植栽工事		施工図 計画図

専門工事会社

職種	鳶・土工事	杭打ち工事	土止め工事	鉄筋工事	型枠工事	左官工事	鋼製建具	タイル工事	金属工事	土工事	防火工事	屋根工事	内装工事	石工事	軽量鉄骨工事	塗装工事	硝子工事	家具工事
会社名																		
工事責任者																		

様式例

作業所安全衛生管理組織図①

元方事業者

- 統括安全衛生責任者　所長
- 作業所安全衛生協議会
- 元方安全衛生管理者　副所長
  - ○新規入場者教育の実施　　○作業所員の健康管理
  - ○安全衛生業務の事務　　　○作業所の環境保全
  - ○安全衛生教育の指導　　　○安全衛生諸会議の事務局
  - ○安全衛生諸会議の企画・立案

（工事担当） 安全衛生責任者 主任	（工事担当） 安全衛生責任者 主任	（工事担当） 安全衛生責任者 主任	（設備担当） 安全衛生責任者	（仮設電気） 安全衛生責任者	衛生責任者	防火責任者
・型枠工事 ・金属製建具工事 ・タイル工事 ・内部金属工事 ・LGS工事 ・木工事　他	・杭打ち工事 ・鉄筋工事 ・鉄骨工事 ・屋根工事 ・防水工事 ・外部金属工事 他	・鳶・土木工事 ・土止め工事 ・コンクリート工事 ・組積工事 ・左官工事 ・内装工事 他	・仮設給排水工事	・仮設電気工事	職員の健康管理 事務所の環境保全 安全衛生業務の事務	事務所の防火管理
※上記工事の 安全衛生全般	※上記工事の 安全衛生全般	※上記工事の 安全衛生全般	※上記工事の 安全衛生全般	※上記工事の 安全衛生全般		

専門工事会社

職種	鳶・土工事	杭打ち工事	土止め工事	鉄筋工事	型枠工事	左官工事	鋼製建具	タイル工事	金属工事	土工事	防火工事	屋根工事	内装工事	石工事	軽量鉄骨工事	塗装工事	硝子工事	家具工事
会社名																		
安全衛生推進者																		
安全衛生責任者																		

第1章◆安全衛生管理計画の立て方

様式例

作業所安全衛生管理組織図②

統括管理責任者
所長

・関係協力業者の安全衛生教育
・安全衛生教育の指導

災害防止協議会

元方安全衛生管理者
副所長

安全衛生管理者
主任

土止め工事	杭工事	鳶・土工事	鉄筋工事	型枠工事	木工事	家具工事
安全衛生管理者	安全衛生管理者	安全衛生管理者	安全衛生管理者	安全衛生管理者	安全衛生管理者	安全衛生管理者
安全衛生推進者	安全衛生推進者	安全衛生推進者	安全衛生推進者	安全衛生推進者	安全衛生推進者	安全衛生推進者
安全衛生責任者	安全衛生責任者	安全衛生責任者	安全衛生責任者	安全衛生責任者	安全衛生責任者	安全衛生責任者
職　長	作業主任者	職　長	作業主任者	職　長	作業主任者	職　長

6 安全衛生管理組織

元方事業者

安全衛生管理者
係員

専門工事会社

タイル工事	給排水衛生工事	空調衛生工事	電気工事	工事	工事
安全衛生管理者	安全衛生管理者	安全衛生管理者	安全衛生管理者	安全衛生管理者	安全衛生管理者
安全衛生推進者	安全衛生推進者	安全衛生推進者	安全衛生推進者	安全衛生推進者	安全衛生推進者
安全衛生責任者	安全衛生責任者	安全衛生責任者	安全衛生責任者	安全衛生責任者	安全衛生責任者
職　長	作業主任者	作業主任者	作業主任者	作業主任者	作業主任者

第1章◆安全衛生管理計画の立て方

【様式例】

緊急時連絡系統図及び対策組織編成表

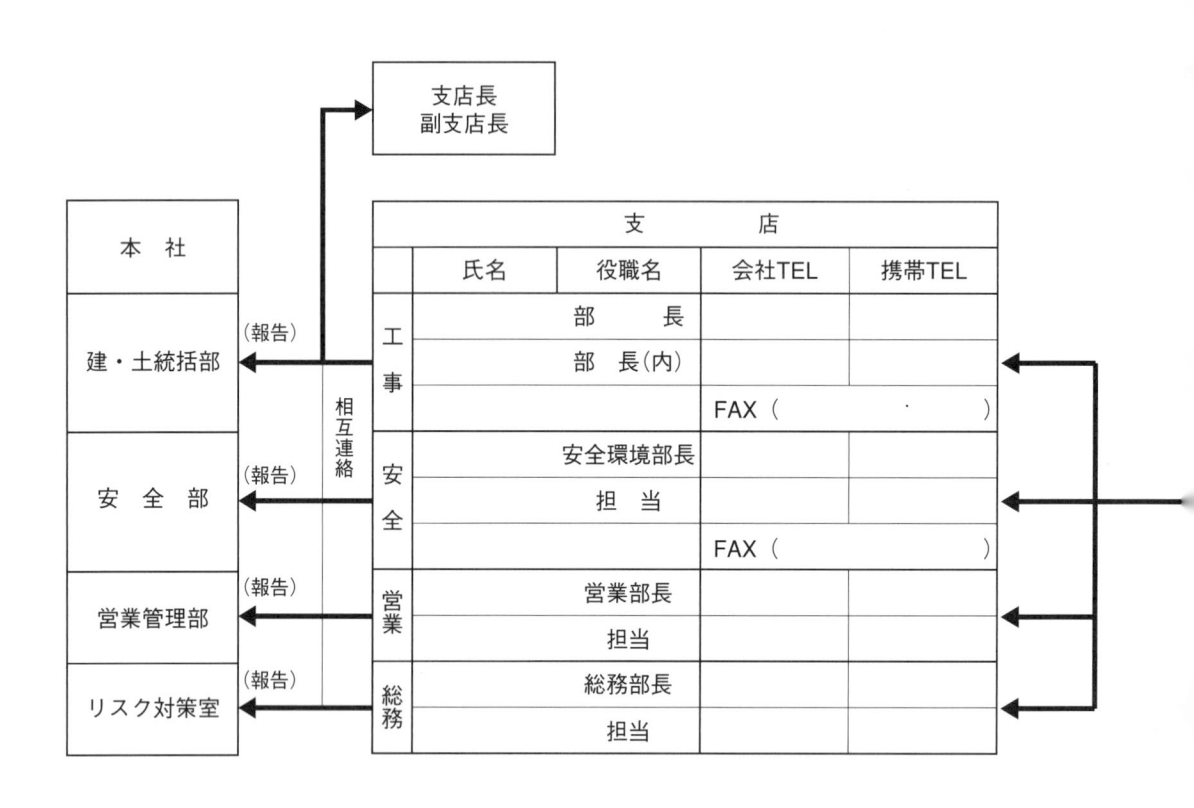

本社		支店			
		氏名	役職名	会社TEL	携帯TEL
建・土統括部	(報告)	工事	部　長		
			部　長(内)		
	相互連絡		FAX(　　　・　　　)		
安全部	(報告)	安全	安全環境部長		
			担　当		
			FAX(　　　・　　　)		
営業管理部	(報告)	営業	営業部長		
			担　当		
リスク対策室	(報告)	総務	総務部長		
			担　当		

支店長・副支店長（上部）

（指示）

		救護	復旧	警戒	消火	誘導	連絡	救護技術管理者
職員	氏名							

※ずい道工事等の場合のみ選任

専門工事会社	会社名							
	氏名							

6 安全衛生管理組織

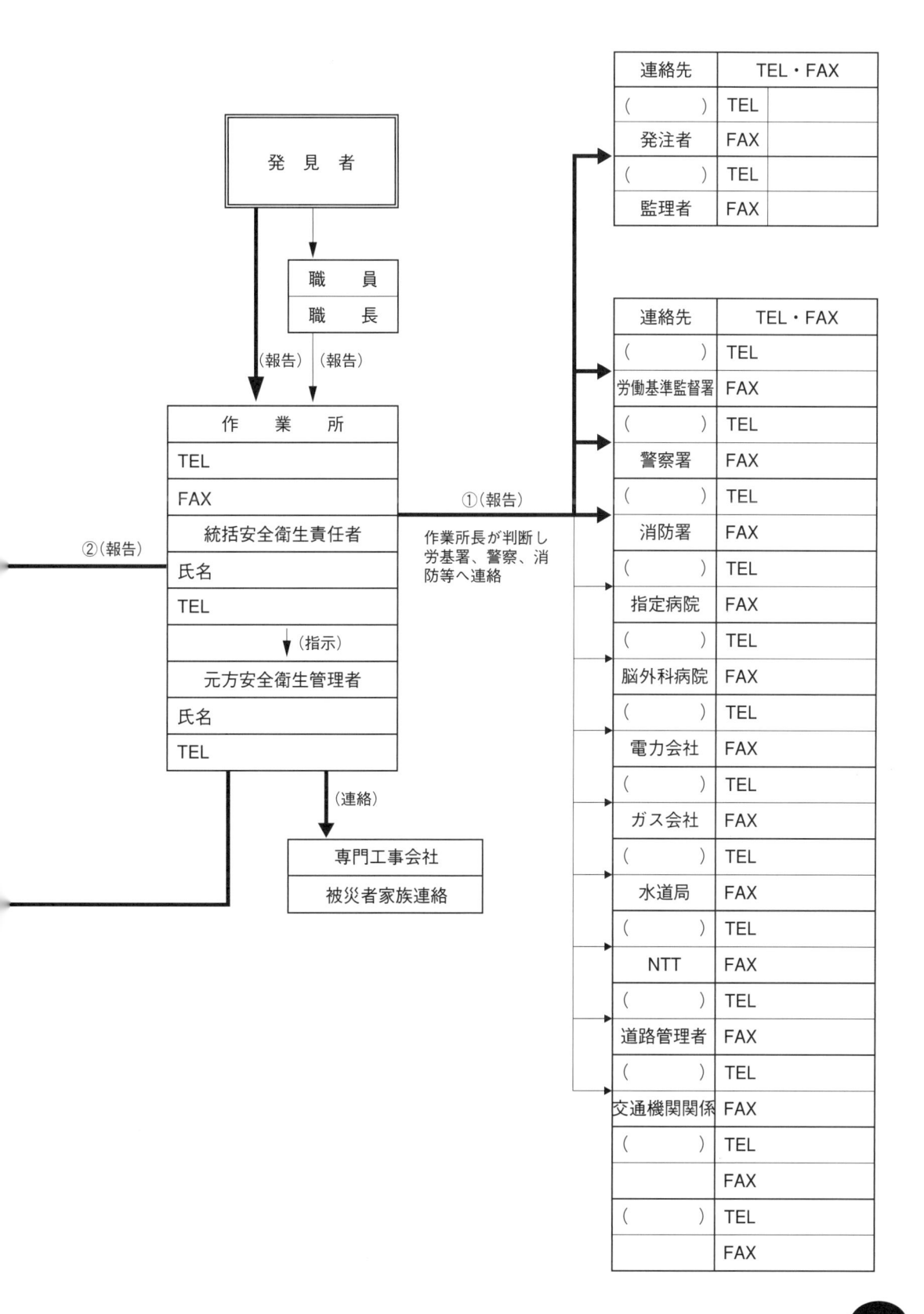

```
                  ┌─────────┐
                  │ 発 見 者 │
                  └────┬────┘
                       │
                  ┌────┴────┐
                  │ 職   員 │
                  ├─────────┤
                  │ 職   長 │
                  └────┬────┘
              (報告)   (報告)
                       ↓
                  ┌─────────────┐
                  │  作 業 所   │
                  ├─────────────┤
                  │ TEL         │
                  ├─────────────┤
                  │ FAX         │
                  ├─────────────┤
                  │統括安全衛生責任者│
                  ├─────────────┤
                  │ 氏名        │
                  ├─────────────┤
                  │ TEL         │
                  └─────────────┘
                       │(指示)
                       ↓
                  ┌─────────────┐
                  │元方安全衛生管理者│
                  ├─────────────┤
                  │ 氏名        │
                  ├─────────────┤
                  │ TEL         │
                  └─────────────┘
                       │(連絡)
                       ↓
                  ┌─────────────┐
                  │ 専門工事会社 │
                  ├─────────────┤
                  │被災者家族連絡│
                  └─────────────┘
```

②(報告) ←

①(報告) → 作業所長が判断し労基署、警察、消防等へ連絡

連絡先	TEL・FAX
( )	TEL
発注者	FAX
( )	TEL
監理者	FAX

連絡先	TEL・FAX
( )	TEL
労働基準監督署	FAX
( )	TEL
警察署	FAX
( )	TEL
消防署	FAX
( )	TEL
指定病院	FAX
( )	TEL
脳外科病院	FAX
( )	TEL
電力会社	FAX
( )	TEL
ガス会社	FAX
( )	TEL
水道局	FAX
( )	TEL
NTT	FAX
( )	TEL
道路管理者	FAX
( )	TEL
交通機関関係	FAX
( )	TEL
	FAX
( )	TEL
	FAX

第1章◆安全衛生管理計画の立て方

様式例
防火管理責任体制表

```
┌─────────────────────────────┐
│ 統括防火責任者（統括安全衛生責任者） │
│                             │
└─────────────┬───────────────┘
              │
┌─────────────┴───────────────┐
│ 副統括防火責任者（元方安全衛生管理者）│
│                             │
└─────────────┬───────────────┘
              │
        ┌─────┴─────┐
        │  元 請 け  │
        └─────┬─────┘
```

火元責任者	
管理場所	責任者名

管理場所	会社名

6 安全衛生管理組織

　　　　　　　　　　　　　　　年　月現在

```
──────────┐
          │
┌─────────┴─────────┐
│   専 門 工 事 会 社   │
└─────────┬─────────┘
          │
```

火元責任者			
責任者名	管理場所	会社名	責任者名

第1章◆安全衛生管理計画の立て方

7 工程別安全衛生管理計画

工程別安全衛生管理計画（例）

工事別 月	主要工程							主要作業	予想される災害
	仮設工事	山止め・杭・土工事	地下躯体工事	地上躯体工事	仕上げ工事	設備工事		
3	準備工事	SMW構築						山止め壁(SMW)	①杭打ち機搬入時の車両による交通事故 ②杭打ち機荷降ろし時の転倒事故 ③杭打ち機本体組み立て時、ブームマストからの転落事故 ④軟弱地盤による杭打ち機の転倒事故 ⑤プラント組み立て解体時における墜落事故 ⑥キャブタイヤ取り扱い時の感電事故 ⑦プラント上におけるタンク内への転落事故 ⑧オーガジョイント時の落下事故 ⑨定規用H鋼つり込みセット時のはさまれ事故 ⑩オーガ掘削時の巻き込まれ事故
4		構台杭打設						山止め壁(SMW)	⑪H鋼芯機つり込み時の落下事故 ⑫掘削溝への転落事故 ⑬洪水地等、足元不安定個所における転落事故 ①構台杭機つり込み時の落下事故 ②トラッククレーンつり荷の旋回時における接触事故 ③溶断・溶接作業における火傷事故
5		第一段アースアンカー 第一次掘削 構台架設						掘削、アースアンカー	①バックホー搬入時の車両の接触事故 ②掘削土搬出時の車両による交通事故 ③掘削機の旋回による接触事故 ④掘削機相互の連絡不備による接触事故 ⑤山止め壁際からの転落事故 ⑥掘削地盤崩壊による重機転落

7 工程別安全衛生管理計画

　労働災害を発生させない基本は、作業場所に危険要因をつくらないこと、危険要因が発生したらすみやかに排除することである。そのためには、それぞれの工程の作業内容ごとに予想される危険要因を洗い出し、それに対応した防止対策を講じ、実施させることが大切である。**適切な工程別安全衛生管理計画、工事別安全衛生管理計画の作成が望まれる。**

防　　止　　対　　策		主要機械
(ｱ)車両誘導員の配置とコーンによる動線の明示 (ｱ)運搬車両のアウトリガーの完全張り出し (ｱ)自動巻き取り装置付きワイヤー（セーフティーロック）を設置する (ｱ)敷鉄板の使用とその水平状況の確認 (ｱ)先行親綱の設置と安全帯使用の徹底 (ｱ)ケーブル取り扱い時の電源の遮断 (ｱ)手すりの設置と幅木の取り付け (ｱ)つり具の整備と正規の玉掛け方法の実施 (ｱ)作業足元を整備し、クレーンオペレーターと合図を明確にする (ｱ)オーガー回転時、周辺への立入禁止措置	(ｲ)車両搬入時間を交通量の少ない時間帯とする (ｲ)荷降ろし場所に敷鉄板を施し、地盤の水平を確保する (ｲ)安全帯のセーフティロックへの取り付けを確認した後、昇降を開始する (ｲ)敷鉄板架設前に地盤の状況を確認し、必要な場合地盤改良を行う (ｲ)つり降ろしの際の玉掛け用具の点検を行う (ｳ)玉掛けは有資格者が行う (ｲ)使用キャプタイヤの損傷の有無を毎日作業開始及び終了時に行う (ｲ)タンク付近における作業時の安全帯の使用 (ｲ)玉掛けにおける有資格者の配置 (ｳ)オペレーターとの合図の事前確認 (ｲ)必要以外の作業員を配置しない (ｳ)周辺の不要部機を片付ける (ｲ)オペレーターとの連絡合図を明確にし、オーガー作業時に排土作業を行わない	SMW機 　(D-508-100M) クローラー 　　クレーン 　(PH 440S) 油圧ショベル 　(UH 04)
(ｱ)作業半径内への立入禁止措置、玉掛け用具の点検 (ｱ)法肩部の位置をバリケード等で明示する ⑬(ｱ)作業通路の足場板等による設置	(ｲ)つり上げ時に地切りをし、安全を確認する (ｲ)安全通路を明確にし、その標示と朝礼により図示して周知する (ｳ)バキューム等による泥水処理を行う (ｳ)地盤改良剤を施し、泥水地を改良する	同上 杭打ち機 　　(D-508)
①(ｱ)玉掛け用具の点検整備と合図の確認徹底 ②(ｱ)重機旋回範囲の明示とバリケードによる立入禁止措置 ③(ｱ)基本作業姿勢の確保と保護具の着用	(ｲ)玉掛け作業における有資格者の配置 (ｲ)かいしゃくロープの取り付け (ｳ)旋回方向の統一と周知を図る (ｲ)有資格者の確認と配置 (ｳ)安定した作業足場の確保	
①(ｱ)誘導員の配置と動線の明示 ②(ｱ)搬出口に表示灯及びブザーを設置する ③(ｱ)重機作業半径及び作業区域を周知徹底し、明示する ④(ｱ)それぞれの作業分担範囲の明確化を事前打ち合わせにより図る ⑤(ｱ)手すり、中さん、幅木の設置と取り付け ⑥(ｱ)所定以上の深度の掘削を行わず、合図者を配置する	(ｲ)搬入経路付近に他の重機を配置しない (ｲ)誘導員を配置する (ｳ)ゲート前後の一時停止の実行を周知する (ｲ)バックホー稼働時に手作業員の作業を休止する Ⅰ(ｲ)バックホーの台数を必要以上に増やさず、一台当たりの作業半径を広くする Ⅰ(ｲ)合図者の安全帯使用の徹底　(ｳ)山止め壁際における作業を徹底する (ｲ)法肩部の地盤状況確認の実施及び毎日の点検	バックホー 　　UH-07 バックホー 　　UH-04 アースアンカー削孔機 ラプタークレーン

工事別安全衛生管理計画書（例）

				統括安全衛生責任者		元方安全衛生管理者	
工　事　名	下水管移設工事	専門会社	(一次) ○○建設㈱	あなたの会社	○○○土木		

担　当　者

主任(安全衛生管理者)	担当係(安全衛生推進者)	職長(安全衛生責任者)	作業指揮者	作　業　員

工事期間	平成　　年　　月　　日～　平成　　年　　月　　日

工事方法；土止め鋼矢板(SP-Ⅱ) ℓ＝5.5mを油圧バイブロにて打ち込み、路面覆工・土止め掘削後下水管(塩ビ管) ϕ450を布設する。・人孔設置2個所　・管路延長41.8m　・既設管路撤去延長6.0m

イ．舗装切断　ロ．舗装打ち替え　ハ．鋼矢板打設　ニ．路面覆工　ホ．掘削・土止め支保工

ヘ．管布設工　ト．埋め戻し工　チ．人孔設置工　リ．覆工撤去・杭引き抜き　ヌ．路面仮復旧

工事施工図（平面図、標準断面図）

7 工程別安全衛生管理計画

	安全衛生管理者		安全担当責任者		○○○建設 ○○作業所

作業手順	予想される災害	その防止対策
作業帯設置工	①作業帯設置時に作業員が通行車両に跳ねられる。	①交通誘導員を配備し、交通の上流側より作業帯を設置する。作業帯は回転灯を点灯後、設置を開始する。
イ 舗装切断工 （使用機械） ＊舗装切断機 ＊リフト付きトラック	①作業車より舗装切断機を降ろすとき作業員が下敷きとなる。	①作業車後部リフト操作時は作業範囲を取り扱い者がカラーコーン・バリケードで明示する。舗装切断機は取り扱い者が転び止め養生を実施後、切断機を下ろす。
ロ 舗装打ち替え工 （使用機械） ＊破砕機 ニブラー ＊ダンプトラック ＊掘削機 ＊サイドローラー	①ニブラーで舗装板破砕時、作業員が接触し、けがをする。 ②破砕ガラ積み込み時、ガラが落下し、作業員に当たる。	①作業範囲内立入禁止措置を誘導員がカラーコーン・バリケードで明示する。 ②ダンプトラックのあおり付近にガラを積み込まない。作業範囲内立入禁止措置を誘導員がカラーコーン・バリケードで明示する。
ハ 鋼矢板打設工 （使用機械） ＊ダンプトラック ＊掘削機 ＊油圧バイブロ ＊クレーン付きトラック ＊サイドローラー	①鋼矢板荷降ろし時に作業員が下敷きとなる。 ②鋼矢板建て込み時に杭打ち機が転倒し、作業員が下敷きとなる。 ③杭打ち機後退時に作業員と接触し、作業員がけがをする。	①-1 玉掛け用具は始業前点検を玉掛け技能講習修了者が行い、不具合を見付けたらその場で廃棄処分とする。 ①-2 玉掛け作業時は地切りを行い、つり荷の状態を玉掛け者が確認後、巻き上げ作業を行う。 ①-3 立入禁止範囲を玉掛け責任者がカラーコーン・バリケードで明示し、作業員をつり荷の下に立ち入らせない。 ②-1 杭打ち機は車道部アスファルト上に据え付け、作業床が水平でない場合は杭打ち機取り扱い責任者が敷鉄板で養生し、作業をする。 ②-2 杭打ち機の定格作業半径をオペレーターが確認し杭打ち機の作業半径を決定する。 ③杭打ち機後退時は誘導員を配備し、誘導員の指示に従って後退する。
ニ 路面覆工 （使用機械） ＊ダンプトラック ＊掘削機 ＊クレーン付きトラック ＊サイドローラー	①桁受け材取り付け穴開け時にガス切断機で作業員が火傷をする。 ②覆工板設置時に作業員が覆工板と覆工受け桁間に手足をはさまれる。 ③玉掛けワイヤーが切れて作業員がつり荷に当たり、負傷する。 ④クレーン付きトラックが転倒し、作業員・オペレーターが下敷きとなる。	①-1 溶断作業時作業員は保護眼鏡・保護手袋を使用して作業する。 ①-2 ガス切断器の火口を作業員に向けない方向で作業をする。 ②合図者はオペレーターから見える場所で作業員の状態を確認後、合図する。 ③玉掛け技能講習修了者が玉掛けワイヤーの始業前点検を実施し、不具合を見付けたらその場で廃棄処分とする。 ④クレーン付きトラックはアウトリガーを最大に張り出し、アウトリガーはオペレーターが版木にて養生する。
ホ 掘削・土止め支保工へ続く		

第1章◆安全衛生管理計画の立て方

様式例

全工期安全衛生管理計画表

工事件名

			月		月		月		月		月	
			10	20	10	20	10	20	10	20	10	20
工事工程表												
特定危険・有害要因	重点管理項目（A） 特定した危険・有害要因のうち、重点管理を実施する危険・有害要因を工事工程に合わせて記載する。	I										
		II										
		III										
		IV										
		V										
	月別（工程別）管理項目（B） 上記以外の、その他の特定した危険・有害要因を工事工程に合わせて記載する。		①		①		①		①		①	
			②		②		②		②		②	
			③		③		③		③		③	
特定実施対策事項	重点実施対策事項（A） 重点管理を行う危険・有害要因に対する実施対策事項を記載する。	I	①		②		③		④		⑤	
		II	①		②		③		④		⑤	
		III	①		②		③		④		⑤	
		IV	①		②		③		④		⑤	
		V	①		②		③		④		⑤	
	月別（工程別）実施対策事項（B） 月別（工程別）の危険・有害要因管理項目に対する実施対策事項を記載する。		①		①		①		①		①	
			②		②		②		②		②	
			③		③		③		③		③	
行事予定 毎日、毎週、毎月行う安全施工サイクル以外の行事計画を記載する。												

7 工程別安全衛生管理計画

安全衛生重点目標	1		作成・承認者	統括安全衛生責任者		・　　・
	2			元方安全衛生管理者		・　　・
	3			作成者		・　　・

月		月		月		月		月		月		月	
10	20	10	20	10	20	10	20	10	20	10	20	10	20
①		①		①		①		①		①		①	
②		②		②		②		②		②		②	
③		③		③		③		③		③		③	
①		①		①		①		①		①		①	
②		②		②		②		②		②		②	
③		③		③		③		③		③		③	

第1章◆安全衛生管理計画の立て方

様式例

全工程安全衛生管理計画表

工 事 名：

全工程安全衛生管理計画表		工期	自 年 月 日		
			至 年 月 日		
月　　　数		1	2	3	4	5	6	7
年　　　月		月	月	月	月	月	月	月
工事種別	仮　設　工　事							
	杭・根切り基礎工事							
	鉄　骨・鉄　筋　工　事							
	型　枠　工　事							
	コンクリート打設工事							
	設　備　工　事							
	外　装　工　事							
	内　装　工　事							
	外　構　工　事							
	そ　の　他							
安全対策	計画届等書類提出計画							
	重点対策 （墜落防止、重機災害、崩壊防止等）							
	重点実施項目 （具体的な推進事項教育指導等記入）							
	安全衛生行事 そ　の　他							

※表のカラム数が正確に合わない可能性があるため、以下に修正版を記載します。

		月数	1	2	3	4	5	6	7
		年月	月	月	月	月	月	月	月
工事種別	仮　設　工　事								
	杭・根切り基礎工事								
	鉄骨・鉄筋工事								
	型　枠　工　事								
	コンクリート打設工事								
	設　備　工　事								
	外　装　工　事								
	内　装　工　事								
	外　構　工　事								
	そ　の　他								
安全対策	計画届等書類提出計画								
	重点対策（墜落防止、重機災害、崩壊防止等）								
	重点実施項目（具体的な推進事項教育指導等記入）								
	安全衛生行事その他								

7 工程別安全衛生管理計画

作業所名			作業所	作 成 年 月 日	年月日	現場代理人		作成者
8	9	10	11	12	13	14	15	16
月	月	月	月	月	月	月	月	月

第1章◆安全衛生管理計画の立て方

> 様式例

月別安全衛生管理計画表①
　　年　　　月度
（安衛法第30条に基づく機械・設備の配置計画表を兼ねる）

工事件名　　　　　　　　　　　　　　　　　　　　　　　　　　　　　　　　　　　　**工事**

主要工事の工程 \ 月・日・曜	月														
	1	2	3	4	5	6	7	8	9	10	11	12	13	14	15
機械・設備配置計画															

特定危険・有害要因	重点管理項目（A）	I	
		II	
		III	
		IV	
		V	
	月別管理項目（B）	(1)	
		(2)	
		(3)	
		(4)	
		(5)	
実施対策事項	重点実施対策事項（A）	I	
		II	
		III	
		IV	
		V	
	月別実施対策事項（B）	(1)	
		(2)	
		(3)	
		(4)	
		(5)	
安全点検責任者（安全当番）	元方事業者		
	専門工事会社		

7 工程別安全衛生管理計画

	月間行事予定		作成・承認年月日	年　　月　　日
	安全大会	日（　）	統括安全衛生責任者	
	安全衛生協議会	日（　）		
			元方安全衛生管理者	
	支店パトロール	日（　）	作成者	

16	17	18	19	20	21	22	23	24	25	26	27	28	29	30	31	【工事概要図・工区割図】
																【特記事項】
																【資格者の指名・選任を必要とする作業】

第1章◆安全衛生管理計画の立て方

> 様式例

月別安全衛生管理計画表②

																			安全衛生管理の作業所方針
H 年 月 月度　安全衛生管理計画表　　　　　作成																			
	月日	1	2	3	4	5	6	7	8	9	10	11	12	13	14	15	16	17	18
	曜日																		
工事工程																			
主たる作業																			
主要な機械																			
予想される災害																			
予想される災害に対する防止対策・重点点検項目																			
安全衛生行事計画（特別朝礼、安全衛生協議会、安全大会、一斉清掃等）																			

7 工程別安全衛生管理計画

全工期	全工期無災害の達成											建築課長				現場代理人				作成者			
当 月	重機災害の防止																						
19	20	21	22	23	24	25	26	27	28	29	30	31	1	2	3	4	5	6	7	8	9	10

第 1 章◆安全衛生管理計画の立て方

様式例

工事別安全衛生管理計画表①

部　課　名			所在地	☎（　）	
作業所の名称			所在地	☎（　）	
工　事　名					
工　事　概　要					
現場管理者 職　氏　名	統括安全衛生 責　任　者		防火管理者		
	安全衛生責任者		危　険　物 取扱責任者		
	安全衛生点検 責　任　者		雇用管理者		
工　　　期	自平成　年　月　日　至平成　年　月　日		請負金額		円
労働者数	職員　男　女　年少者　計　　名　　作業者　1日平均見込み　　　　　　　　名 （専門工事会社を含む）最盛期の1日平均見込み　　　　　　　　　　　　名				
工事関係請負人	別紙に記載し、添付する。				
主たる 工事用 設備機械	名　　称	能力・容量・寸法	使　用　期　間		員数
	受　電　設　備		～		
	ク　レ　ー　ン		～		
	移　動　式　クレーン		～		
	建　設　用　リ　フ　ト	900kg	～		
	簡　易　リ　フ　ト	250kg	～		
	くい打ち・くい抜き機	アースドリル機	～		
	足　　　　　　　場	枠組み足場	～		
	支　　保　　工		～		
	ア　ー　ク　溶　接　機		～		
	同上（自動電撃防止装置付）		～		
	つり足場（ゴンドラ）		～		
			～		
			～		
			～		
			～		
電気設備	感電防止用漏電しゃ断装置		㊲（　　台）　　無		
発　注　者	☎（　　）		住所	㊤	

7 工程別安全衛生管理計画

作成年月日　平成　年　月　日

現　場　名　_____

統括安全衛生責任者　_____㊞

法定の特殊技能者確保計画	足場解体作業主任者	名	玉掛有資格者	名
	型枠支保工組立作業主任者	名	高圧室内作業主任者	名
	地山の堀削作業主任者	名	酸素欠乏危険作業主任者	名
	土止め支保工作業主任者	名	発破技士	名
	杭打機組立て等作業指揮者	名	電気関係	名
	車両系建設機械運転者	名	工事指揮者	名
	クレーン運転者	名		名
	建設用リフト運転者	名		

主たる保護具	保護具の種類	使用場所	従事労働者数	使用数
	保護帽	現場内	全員	
	安全帯	高所作業時	〃	

寄宿舎	有 ㊓	☎（　）－	休養室	㊓ 無

工事内容及び主な安全方針	

第1章◆安全衛生管理計画の立て方

様式例

工事別安全衛生管理計画表②

工 事 名		工事	専門工事会社	(一次)	(二次)

担 当 者					
主任(安全衛生管理者)	担当係(安全衛生推進者)	職長(安全衛生責任者)	作業指揮者	作業員	

工事期間	平成　年　月　日～　平成　年　月　日
工事方法	

工事施工図(平面図、標準断面図)

7 工程別安全衛生管理計画

統括安全衛生責任者		元方安全衛生管理者		安全衛生管理者		安全担当責任者	
作業手順		予想される災害		その防止対策			

第1章◆安全衛生管理計画の立て方

【様式例】

車両系建設機械等作業計画書

車両系建設機械等	ブルドーザー・バックホー・モーターグレーダー・ダンプトラック・ローラー・トラクタショベル・散水車・スクレーパー・ブレーカー　その他	作業計画書		
工事名称		会社名		安責者名
		作成者名		作成者職責
使用期間	平成　年　月　日～平成　年　月　日			
使用目的				
使用機械	種類			
	能力			
	台数	台　　　　台　　　　台　　　　台　　　　台　　　　台		
資格要件者	作業指揮者／誘導員／合図者／監視員／車両系／地山掘削			
	名　　　名　　　名　　　名　　　名　　　名　　　名　　　名　　　名			
作業場所	地形	平坦・勾配（　）度・その他		
	障害物	架空線・無・有(H＝　　m・電話線・送電線〈特高圧・高圧・低圧〉　　　) 埋設物・無・有(水道管〈φ　　mm・管種　D.P＝　　m)・電話線〈　条段・D.P＝　　m〉) (ガス管〈φ　　mm・管種　D.P＝　　m)・その他　　　　　)		
	地盤状況	アスファルト舗装・砕石・地山・盛土・切土		
	作業区分	切土部（掘削深H＝　　m)・盛土部（H＝　　m)・整地・その他		
作業方法				
転倒防止及び危険防止	走路地盤の養生（有・無）	敷鉄板・その他（　　　　　　　　　）		
	旋回範囲内立入禁止措置	バリケード・その他（　　　　　　　）表示		
	移動範囲内立入禁止措置	バリケード・その他（　　　　　　　）表示		
	作業員通路の確保	バリケード・その他（　　　　　　　）表示		
	法肩崩壊防止			
	地下埋没物保護			
	架空線離隔距離	（　　）m　架空線防護　要・不要　立ち会い者　要・不要		
留意事項				
元請け指示記入欄（作業所所見）			記入者名	

7 工程別安全衛生管理計画

作成日　平成　年　月　日

作業配置図　(作業場所全体を示す平面図)

図示する事項　工作物・隣接する建物・道路等・機械の配置・作業範囲・旋回方向・荷の積み降ろし位置・障害物(架空線等)・敷鉄板等・合図者・監視員・立入禁止範囲・安全通路・その他

(断面図)

＊注意事項

同一作業業者名	（　　　）　（　　　　　　）　（　　　　　　）			
施工台帳の系列	（　　　次業者)　★一次業者名（　　　　）			
作業指揮者氏名	（　　　）　（　　　　）	所長	元方安衛管理者	担当者
指揮命令系統 (氏名・職責)				

様式例

作業所の安全衛生管理業務分担表

凡例：●＝責任者　○＝関係者

主要業務内容		実施時期	責任区分					
			元方事業者			専門工事会社		
			統括安全衛生責任者	元方安全衛生管理者	担当社員	事業者（店社）	安全衛生責任者	作業員
着手時の事前計画（実施含む）	1. 安全衛生方針の周知	着工時・その都度						
	2. 危険・有害要因及び実施対策事項の特定・実施	着工時（変更の都度）						
	3. 安全衛生目標	〃						
	4. 作業所安全衛生管理組織	〃						
	5. 作業所安全衛生管理業務分担	〃						
	6. 事前調査に基づく評価	〃						
	7. 危険・有害要因及び実施対策事項の実施計画	〃						
	8. 建設工事計画届及び施工計画等	〃						
	9. 安全施工サイクルの実施・運営計画	〃						
	10. 緊急事態への対応措置	〃						
	11. 作業中止基準の制定	〃						
	12. 点検及び測定管理基準	〃						
	13. 行事計画	〃						
施工計画段階	1. 月別安全衛生管理計画	毎　月						
	2. 施工要領書（指定した工事）	随　時						
	3. 作業手順書	〃						
	4. 個別工事の事前打合せ	〃						
教育・訓練	1. 送り出し教育	随　時						
	2. 新規入所者教育	〃						
	3. 消火・避難・救護訓練	〃						
	4. 特別教育	〃						
	5. 職長教育	〃						
	6. その他行事計画に定める教育等	〃						
計画の実施・運用	1. 安全朝礼	毎　日						
	2. 安全ミーティング	〃						
	3. 作業開始前点検	〃						
	4. 始業点検	〃						
	5. 作業中の指導・監督	〃						
	6. 巡視	〃						
	7. 安全工程打合せ（毎日）	〃						
	8. 持場片付け	〃						
	9. 終業時の確認	〃						
	10. 月例点検	〃						
意見等の反映	1. 週間安全工程打合せ	毎週定期						
	2. 安全衛生協議会	毎月定期						
	3. 安全衛生大会	〃						
	4. 職長会	毎週・毎月定期						
実施・運用	1. 危険・注意標識の掲示	随　時						
	2. 立入禁止措置等	〃						
	3. 火気使用の管理	〃						
	4. 建設用びょう打ち銃用空砲管理	〃						
	5. 火薬類消費の管理	〃						
	6. 施工管理体制報告書の維持管理	〃						
評価	1. 関係請負人の安全管理能力評価	随　時						

第2章

毎日・毎週・毎月の安全衛生活動の進め方

> 　労働災害防止の基本は、関係者全員で実施する安全衛生活動である。その基本となるのが、毎日の安全衛生サイクル活動で、それに、毎週、毎月の安全衛生サイクル活動を有機的に結び付け、現場において元請けと専門工事業者の職員、職長・作業員が一体となって推進することが大切である。

第2章◆毎日・毎週・毎月の安全衛生活動の進め方

安全衛生サ

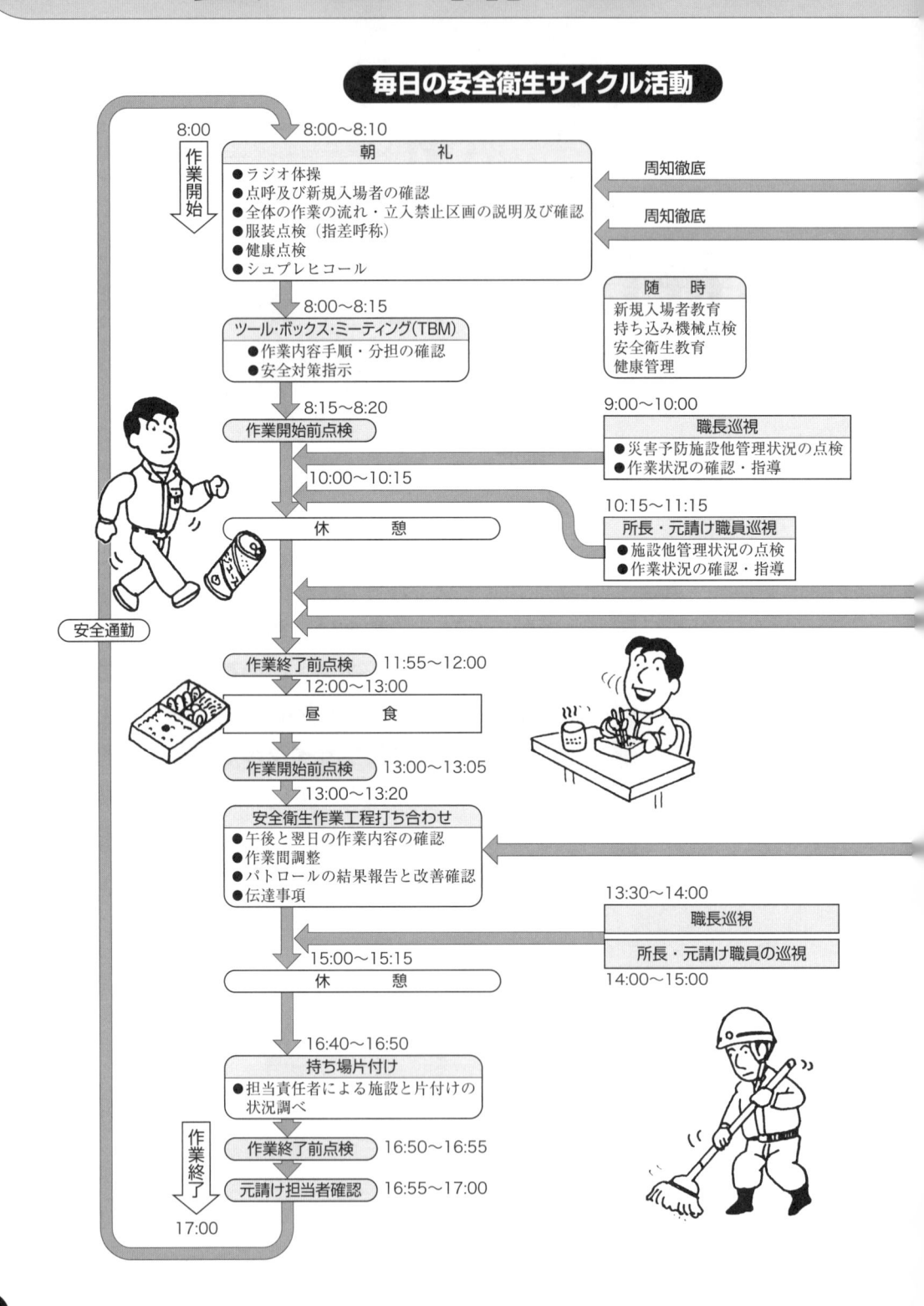

毎日の安全衛生サイクル活動

```
作業開始
8:00
         8:00～8:10
         ┌─────────────────────────────┐
         │           朝  礼            │ ←── 周知徹底
         │ ●ラジオ体操                  │
         │ ●点呼及び新規入場者の確認    │ ←── 周知徹底
         │ ●全体の作業の流れ・立入禁止区画の説明及び確認
         │ ●服装点検（指差呼称）        │
         │ ●健康点検                    │
         │ ●シュプレヒコール            │
         └─────────────────────────────┘
                                        ┌──────────────┐
         8:00～8:15                      │   随  時     │
         ┌─────────────────────────┐   │ 新規入場者教育│
         │ ツール・ボックス・ミーティング(TBM) │ 持ち込み機械点検│
         │ ●作業内容手順・分担の確認│   │ 安全衛生教育 │
         │ ●安全対策指示           │   │ 健康管理     │
         └─────────────────────────┘   └──────────────┘

         8:15～8:20                      9:00～10:00
         ┌──────────────┐               ┌──────────────────────┐
         │ 作業開始前点検 │ ←──────────  │      職長巡視        │
         └──────────────┘               │ ●災害予防施設他管理状況の点検 │
                                        │ ●作業状況の確認・指導 │
         10:00～10:15                    └──────────────────────┘
         ┌──────────────┐
         │   休  憩     │ ←──────────  10:15～11:15
         └──────────────┘               ┌──────────────────────┐
                                        │ 所長・元請け職員巡視  │
安全通勤                                  │ ●施設他管理状況の点検 │
                                        │ ●作業状況の確認・指導 │
                                        └──────────────────────┘

         作業終了前点検  11:55～12:00
         12:00～13:00
         ┌──────────────┐
         │   昼  食     │
         └──────────────┘

         作業開始前点検  13:00～13:05
         13:00～13:20
         ┌─────────────────────────┐
         │ 安全衛生作業工程打ち合わせ │
         │ ●午後と翌日の作業内容の確認 │
         │ ●作業間調整             │
         │ ●パトロールの結果報告と改善確認 │
         │ ●伝達事項               │
         └─────────────────────────┘
                                        13:30～14:00
                                        ┌──────────────┐
                                        │   職長巡視   │
                                        ├──────────────┤
                                        │ 所長・元請け職員の巡視 │
                                        └──────────────┘
         15:00～15:15                    14:00～15:00
         ┌──────────────┐
         │   休  憩     │
         └──────────────┘

         16:40～16:50
         ┌──────────────┐
         │ 持ち場片付け │
         │ ●担当責任者による施設と片付けの │
         │   状況調べ   │
         └──────────────┘

作業終了   作業終了前点検  16:50～16:55
         元請け担当者確認 16:55～17:00
         17:00
```

46

■安全衛生サイクル活動（例）

イクル活動（例）

毎週の安全衛生サイクル活動 | **毎月の安全衛生サイクル活動**

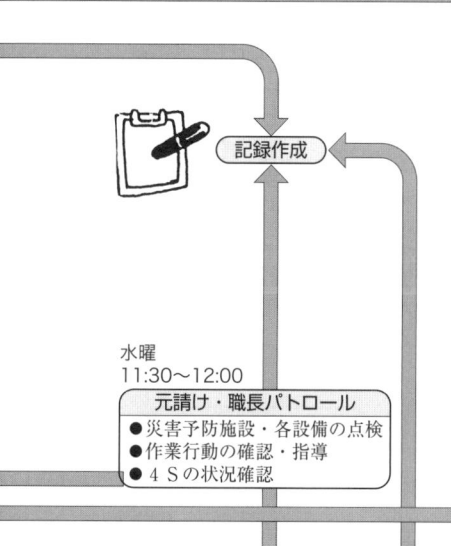

記録作成

記録作成

水曜
11:30〜12:00
元請け・職長パトロール
- 災害予防施設・各設備の点検
- 作業行動の確認・指導
- 4Sの状況確認

最終水曜
11:30〜12:00
合同パトロール
- 作業所巡回と是正事項の協議

水曜
13:00〜13:30
安全衛生作業工程打ち合わせ会議
- 週間工程の説明
- 次週の工事のポイント
- 次週の重点実施事項の説明
- 次週の危険作業と対策
- 設備、作業方法の改善、確認
- 行事等の説明
- 職長、作業員からの提案、意見
- 作業環境の確認　他

最終水曜
13:15〜13:45
安全衛生協議会
- 翌月工程の説明
- 翌月の工事のポイント
- 翌月の重点実施事項の説明
- 翌月の危険作業と対策
- 行事等の説明
- 職長、作業員からの提案、意見　他

金曜
16:30〜16:40
一斉片付け
- 持ち場の片付け
- 現場周辺の環境

最終水曜
13:00〜13:15
安全衛生大会
- 所長方針・指示
- 月間工程と安全管理計画説明
- 優良作業員表彰

随時
月例点検
- 機械、設備、機器等
- 元請け、専門工事業者それぞれが実施

第2章◆毎日・毎週・毎月の安全衛生活動の進め方

1　毎日の安全衛生サイクル活動

安全衛生の基本は毎日の安全衛生サイクル活動である。適切に実施する。

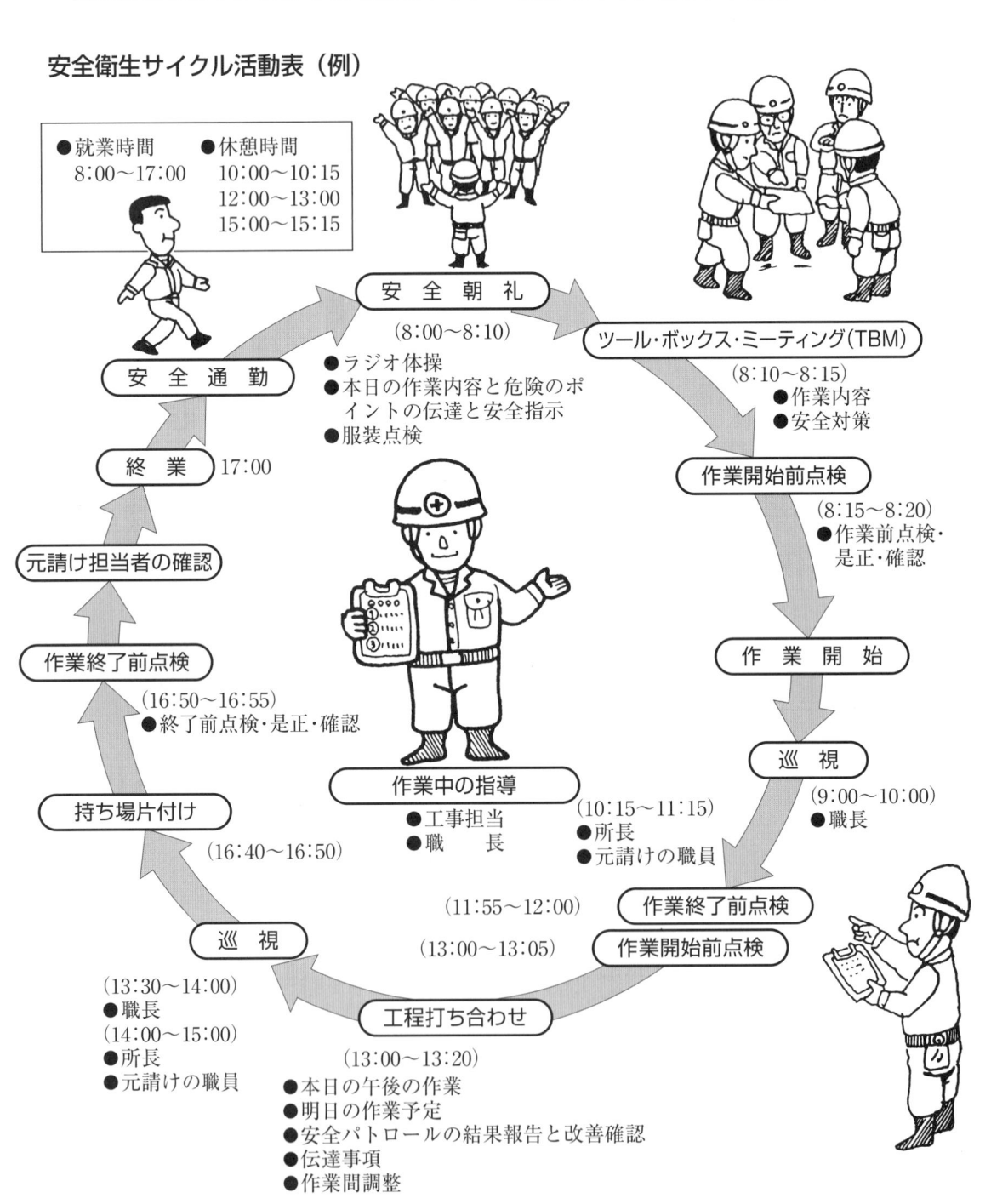

安全衛生サイクル活動表（例）

- 就業時間　8:00～17:00
- 休憩時間　10:00～10:15
　　　　　　12:00～13:00
　　　　　　15:00～15:15

安全通勤

安全朝礼（8:00～8:10）
- ラジオ体操
- 本日の作業内容と危険のポイントの伝達と安全指示
- 服装点検

ツール・ボックス・ミーティング（TBM）（8:10～8:15）
- 作業内容
- 安全対策

作業開始前点検（8:15～8:20）
- 作業前点検・是正・確認

作業開始

巡視（9:00～10:00）
- 職長

巡視（10:15～11:15）
- 所長
- 元請けの職員

作業中の指導
- 工事担当
- 職長

作業終了前点検（11:55～12:00）
作業開始前点検（13:00～13:05）

工程打ち合わせ（13:00～13:20）
- 本日の午後の作業
- 明日の作業予定
- 安全パトロールの結果報告と改善確認
- 伝達事項
- 作業間調整

巡視
（13:30～14:00）
- 職長
（14:00～15:00）
- 所長
- 元請けの職員

持ち場片付け（16:40～16:50）

作業終了前点検（16:50～16:55）
- 終了前点検・是正・確認

元請け担当者の確認

終業　17:00

48

1 毎日の安全衛生サイクル活動

1 朝 礼

朝礼は、1日のスタートである。毎朝、作業開始前に全員が集まり、所長のあいさつ、前日の結果の伝達と指示、職長や職員から当日の重点事項等の説明を行い、全員で「1日の安全」の気構え、意識づくりを行う。

- **時　間**　8時集合（集合合図の音楽を流す）
- **場　所**　作業所内
- **参加者**　作業所全員
- **内　容**
  ①ラジオ体操
  　職員、職長は前に出て向き合って行う。

体操〈例〉

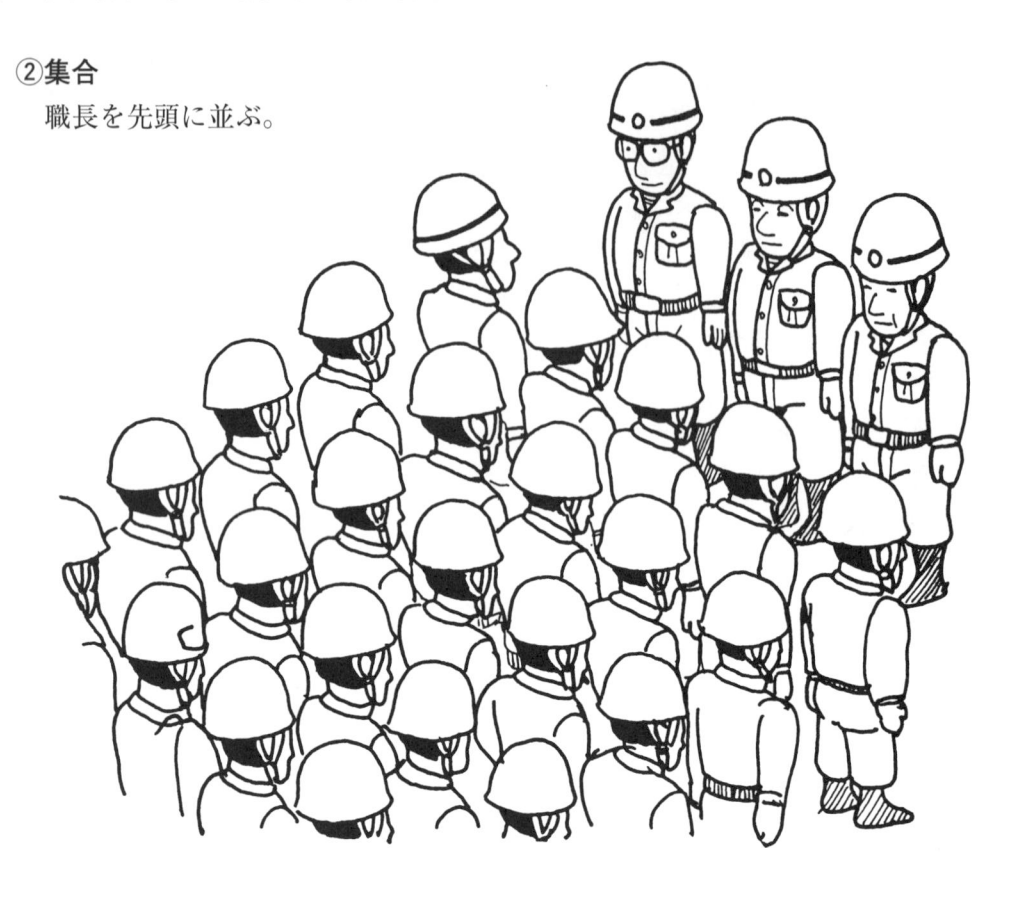

第2章◆毎日・毎週・毎月の安全衛生活動の進め方

②集合
　職長を先頭に並ぶ。

③所長あいさつ

1 毎日の安全衛生サイクル活動

④**職長から作業内容、安全指示の伝達**
〈a〉当日の作業内容
〈b〉危険と思われる作業の安全指示
〈c〉安全の心構え

⑤**職員から作業内容安全指示を再度徹底**
作業間の調整を図る。

⑥新規入場者の紹介
新規入場者は前に出て、会社名と名前を発表する。
⑦服装点検
仕事に適した服装、安全帯、保護帽等について、全員で向き合って確認を行う。

服装点検〈例1〉　　　　服装点検〈例2〉

⑧健康点検
職長が作業員の顔を見たり、声を聞いたりして健康状態を点検する。
⑨シュプレヒコール
職長が前へ出て行う。言葉については安全衛生作業工程打ち合わせ会議で決定する。
（例）今日も1日安全作業で頑張ろう
　　　誰がやる俺がやる！今日もゼロ災で頑張ろう

シュプレヒコール〈例〉

様式例

朝礼記録

主要内容				一般指示事項	
				1. 保護帽、安全帯の正しい着用	8. 持込機器の日常点検
				2. 高所作業では安全帯使用	9. 喫煙場所以外の発煙
				3. 安全設備一時撤去は申告	10. 作業終了時の片付
				4. 安全通路の確保	11. 詰所の整理清掃
				5. 足場上の材料放置は不可	12. 誘導合図をはっきりと
				6. 脚立足場の板3点支持	13. 持込電線点検と行先表示
				7. 持込機器の届出	14. 機器アースの点検

	☆ 点 検 項 目		状況		
	整理・整頓	通路の確保		安全行事	
		終業時片付			
○良好	高所設備 (高さ2m以上) および 作業	安全帯の使用			
		脚立・ローリング使用			
		足場・桟橋・橋台		点検・是正記録	下欄に点検の不具合内容を記載し後日是正後、日付を横に記入する。
		昇降設備			
		就業制限			
×是正		飛来落下防止			
		親綱・ネット			
		開口部			
		開口部使用・復旧			
/該当なし	電気設備	分電盤・主配線			
		二次配線・電路表示			
		溶接・電動工具			
	機械 および 関連作業	持込許可			
		法定定期点検			
		自主点検			
		免許・資格			
		ワイヤー・補助具			
		立入禁止・制部			
		監視・誘導			
		作業状態(玉掛含む)			
	標識の設置	注意禁止標識		定例打合記録	明日の危険作業場所、主要指示要点等記入
	作業主任者等の選任	作業主任者の確認			
		作業指揮者の確認			
	崩壊防止	土止め・切梁			
		掘削勾配等			
		足場・型枠			
	火災爆発 防止	作業場の火気取扱			
		消火・避難器具			
		樹脂、塗料、接着剤			
		ガスボンベ類・付属品			
	危険有害作業 (酸欠 粉じん 振動 有機溶剤)	測定・換(送)気設備		統括安全衛生責任者の巡視結果重点と明日へのフォロー	
		送気、防毒・防煙マスク			
		救助ロープ			
		就業制限			
	衛生	汚物処理、便所(手洗とも)			
		排水・換気			
	作業員管理	詰所、休憩所等			
	第三者防護	現場周辺の防災措置			
	標準類	鉄筋先端フック			

第2章◆毎日・毎週・毎月の安全衛生活動の進め方

❷ ツール・ボックス・ミーティング（TBM）

　朝礼後、ＴＢＭグループ（鳶、大工、電工等の職種グループ）ごとに集まり、ＴＢＭを行う。

　当日の作業場所、作業内容、作業方法、作業手順、配置、他職の作業内容、安全指示等を行う。元請け職員は、当日の作業の危険度に応じて立ち会い、アドバイスを行う。専門工事業者の自主性を重んじなければならないが、元請け職員が立ち会いながら、人員の不足はないか、作業員全員に作業手順が徹底されているか、安全指示がされているかなどについてチェック、アドバイスをする。

- **時　間**　　8時10分～8時15分
- **場　所**　　朝礼会場にＴＢＭグループごとに集まる
- **参加者**　　専門工事業者全員
- **内　容**

　職長は前日の工程打ち合わせ結果に基づき、次の事項を行う。

①当日の作業場所
②作業内容
③作業方法
④作業手順
⑤作業員の配置
⑥他職の作業内容
⑦作業の注意事項
⑧安全指示
⑨服装チェック
⑩保護帽、安全帯チェック
⑪体調チェック

ツール・ボックス・ミーテイング〈例１〉

〈例２〉

1 毎日の安全衛生サイクル活動

様式例

ＴＢＭ記録簿

平成　　年　　月　　日
記録者　　　　　　　㊞

No.

作 業 名		作 業 長	
参 加 者		参 加 者	

安全のポイント（厳守事項）	指導者
①	
②	
③	
④	
⑤	

討議項目	発言者
①	
②	
③	
④	
⑤	

特記事項

55

第2章◆毎日・毎週・毎月の安全衛生活動の進め方

様式例

安全ミーティング日報

作 業 場 所		作 業 日	
参加業者名		業者の職種	
本日の参加者	職長名　　　　　　代行者名		他参加者　　　　人
本 日 の 作 業 内 容			

有資格作業	作 業 名	有資格者氏名	作 業 名	有資格者氏名

作業内容の指示事項	作業指示事項		安全指示事項	
	1		1	
	2		2	
	3		3	
	4		4	
	5		5	
	6		6	

危険予知検討事項	危険のポイント		講ずべき安全対策	
	1		1	
	2		2	
	3		3	
	4		4	
	5		5	
	6		6	

特記事項	

様式例

安全作業指示書

平成　年　月　日

_____ 殿

責　任　者	印
安全管理者	印
担　当　者	印

　　月　　日の作業は、下記の指示に従い、作業を行って下さい。

次のとおり指示(連絡)します。(処置は、平成　年　月　日までに願います)

作　業　内　容	作　業　場　所

予測される危険と対策	他職種との関連作業

※　本指示書以外の作業を行わせてはいけません。
※　上記の内容は、作業着手前に全作業員に周知して下さい。

第2章◆毎日・毎週・毎月の安全衛生活動の進め方

様式例

安全作業手順書

作 業 場 所			作 業 日	年　　　月　　　日（　）曜
作業の種類			業 者 名	
本　日　の作 業 概 要				
作 業 人 員	職長名（　　　　　　　　　）		作業者数（　　　　　）人	
使 用 材 料				
使 用 機 械				
使 用 工 具				
保　護　具				
免許・資格				

作 業 手 順	作業上の注意事項	人員	安全上の注意事項
責任者の指示事項			

58

1 毎日の安全衛生サイクル活動

様式例

ＫＹ日報

□年 □月 □日 天候 □

業者名	一次	二次	三次
安全リーダー			

※作業中の危険を予想し、対策を立て、実行し、無事故で明るい職場を作ろう。

安全リーダーの確認・説明・処置事項

1. 作業前ミーティング
   (1) 点　　　　呼 ── 職 種 名 [　　] ミーティング出席者 [　　] 名
   (2) ミーティング出席者名

   (3) 健　康　状　態 ──（全員の顔色・体調）　　　　　　　　　　　　　良　否
   (4) 保 護 具、服 装 ──（保護帽・命綱・履き物・手袋・マスクなど）　良　否
   (5) 作 業 の 分 担 ──（年令・経験・適応性・人間関係・有資格など）　良　否

2. ＫＹ活動

危険予知活動記録板 時間　時　分～　時　分（　分間）	業者名	
	グループ名	
	リーダー名　　　　　　他　　名	

テ　ー　マ	
作業で考えられる危険 「～すると～なる」 「～したら～なる」	
最も危険と考えられるものに対する対策 「～して～する」	
今日の行動目標 「～をして 　　～しよう」	ワンポイント 「　　　　　　」ヨシ！

3. 朝　　　　礼 ──── 朝礼出席者 [　　] 名　本日の出席 [　　] 名
4. 作業中の指揮管理 ──── （仲間または部下の働き）　　　　　良　否
5. 遅刻者 有 [　] 名 無　　処置 ──（ミーティング）　　した　しない
6. 自分が現場を離れるとき、代行者を指名する ──── （代行者）
7. 前日の作業終了時の片付け　　　　　　　　　　　　　　　した　しない
8. 下請け業者　意見欄

所見（工事担当者氏名）[　　　　　　]　　　　統括安全衛生責任者　担当者

③ 作業開始前点検

　作業開始前に、全員、一人ひとりが自分の作業場所と工具等の安全を自分で確認する。もしも危険な個所があれば、職長またはリーダーに連絡する。
　是正の処置が終了するまで、その場所での作業はできない。これが毎日、繰り返して実施されていけば、建設現場から災害要因が取り除かれ、建設現場の労働災害防止が効果的に図られていくこととなる。作業員の安全意識の高揚と、安全のレベルアップにもつながる。

いつ	作業開始前……8時15分～8時20分
どこで	自分の作業するところで
だれが	自分自身が
なにを	自分の作業する範囲で危険を見つけ出し
なんのために	自分自身の安全と健康のために
どのように	5分間でチェックシートを使って点検し、危険・有害環境を改善してから作業にかかる

これらの項目について全員で実施する。

チェックシート（例）

（作業開始前点検）

専門工事会社 _____

作業場所 _____ 作業内容 _____

氏　　名 _____ 職 長 名 _____

良ければ○、悪ければ×を　　　　　　　　　　　毎日点検後、この用紙を
×の場合はすぐに職長に　　　　　　　　　　　　職長へ提出して下さい。

No.	点　検　項　目	日付						備　考
		曜日	月	火	水	木	金	土	
1								
2								
3								
4								
5								
	職　長　確　認　欄							

職長意見欄	月	
	火	
	水	
	木	
	金	
	土	

　点検項目は原則として、各作業場所の作業員が、自ら決めます。同一点検項目は、長くても1週間です。作業内容が変われば点検項目を変更します。
　職長またはリーダーは、5名程度をとりまとめます。

作業開始前点検フロー（例）

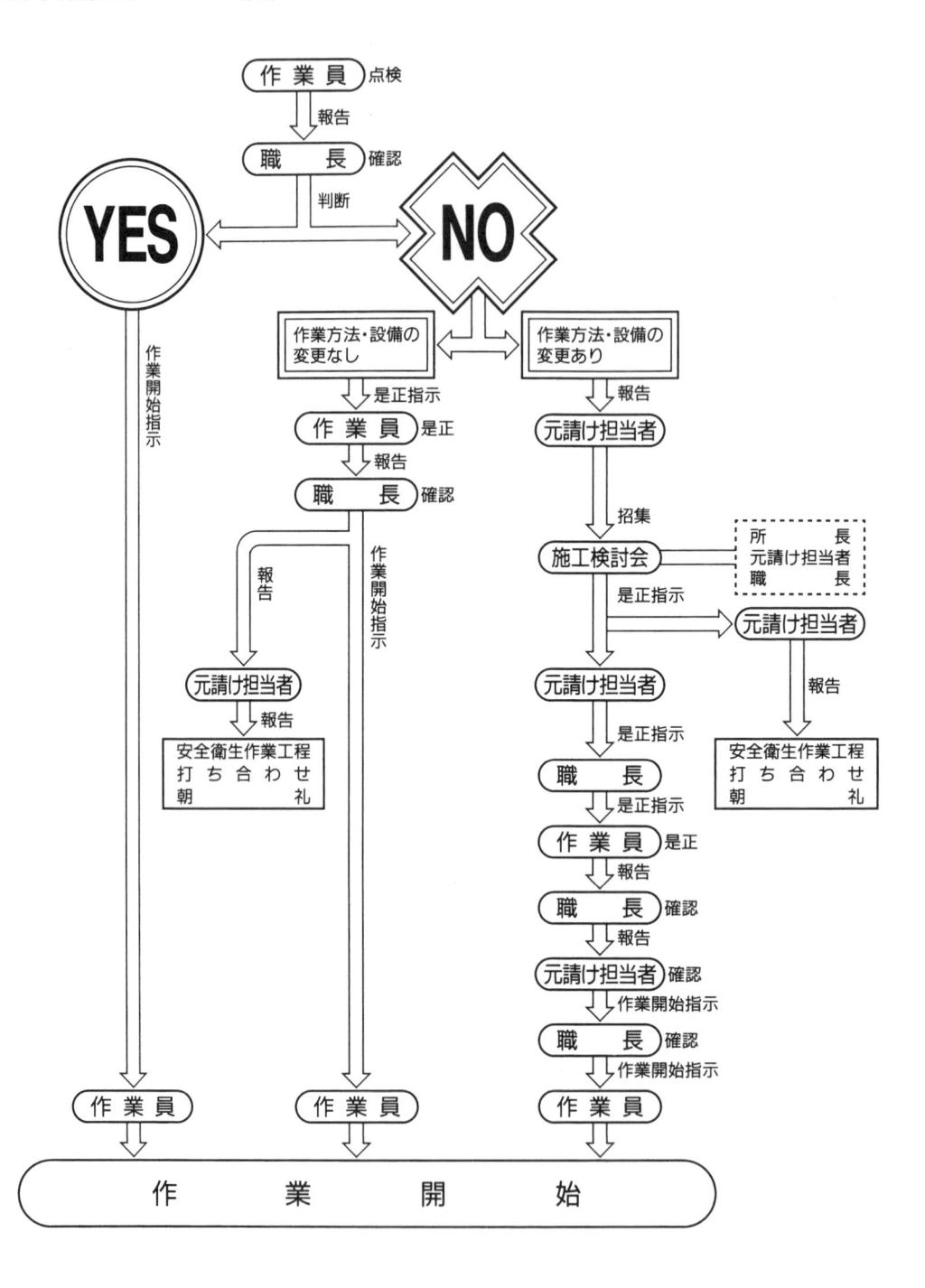

```
                    作業員 )点検
                       ↓報告
                    職 長 )確認
                       ↓判断
        ┌──────────────┼──────────────┐
       YES                            NO
        │              ┌──────────────┴──────────────┐
        │         作業方法・設備の          作業方法・設備の
        │           変更なし                変更あり
        │              ↓是正指示              ↓報告
        │          作業員 )是正            元請け担当者
        │              ↓報告                  ↓招集
        │          職 長 )確認            施工検討会 ─── 所　　長
        │         ┌────┴────┐                │          元請け担当者
        │       報告      作業開始指示        ↓是正指示   職　　長
        │         ↓                        元請け担当者
        │      元請け担当者                   ↓
        │         ↓報告                   元請け担当者 ──→ 元請け担当者
        │     ┌─────────┐                   ↓是正指示      ↓報告
        │     安全衛生作業工程                職 長        安全衛生作業工程
        │     打 ち 合 わ せ                   ↓是正指示    打 ち 合 わ せ
        │     朝　　　礼                    作業員 )是正   朝　　　礼
   作業開始指示                                ↓報告
        │                                 職 長 )確認
        │                                    ↓報告
        │                              元請け担当者 )確認
        │                                    ↓作業開始指示
        │                                 職 長 )確認
        │                                    ↓作業開始指示
        ↓              ↓                  ↓
     作業員          作業員              作業員
        └──────────────┼──────────────────┘
                  ( 作　業　開　始 )
```

④ 職長巡視

　専門工事業者の職長は、現場を巡視し、安全衛生作業工程打ち合わせの内容を含め、作業員の作業状況等について確認と指導を行う。

- **時　間**　9：00～10：00、13：30～14：00
- **場　所**　作業場所全域
- **実施者**　専門工事業者職長
- **内　容**
  - ①作業員の配置と作業状況
  - ②設備等の配置状況
  - ③作業環境の状況
  - ④安全帯の使用状況、保護帽の着用状況
  - ⑤服装
  - ⑥作業方法
  - ⑦作業手順

⑤ 所長・元請け職員の巡視と指導

元請け職員は、現場を巡視し、安全措置等の確認・指導を行う。

- **時　間** 10：15〜11：15、14：00〜15：00
- **場　所** 作業場所全域
- **実施者** 所長、元請け担当者
- **内　容**
  ①作業員の配置と作業状況
  ②設備機械等の設置状況
  ③作業環境の状況
  ④資機材等の運搬と配置状況
  ⑤職長等の指揮、指示の状況
  ⑥安全帯の使用状況、保護帽の着用状況
  ⑦服装
  ⑧作業方法
  ⑨作業手順

1 毎日の安全衛生サイクル活動

　　　　　　　　　　　　　　　　　　　　　　　　　　　　年　　月　　日

安全衛生チェックリスト
（日常点検用）

項　目	点　検　内　容	点検 ✓	指摘及び処理
1．通路、作業床	通路確保（避難通路を含む）、作業床の幅・端、照明		
2．足場、桟橋	手すり、中さん、幅木、踊り場、昇降設備、（鋼製)足場板、壁つなぎ、荷重		
3．つ り 足 場	材料、固定方法、手すり、つり間隔		
4．脚立、はしご	設置場所、材料、開き止め、転倒防止、滑り止め		
5．移動式足場(ローリングタワー)	手すり、中さん、幅木、作業床、昇降設備、アウトリガー、標識		
6．高所作業車	運転資格（技能講習・特別教育）、作業指揮者、設置場所、荷重、アウトリガー、鍵の管理		
7．墜 落 防 止	手すり、中さん、作業床、囲い、覆い、柵、開口ふた、安全ネット、安全帯取り付け設備		
8．落 下 物 防 止	水平・垂直養生ネット、防護棚（朝顔）、つり具、幅木、開口ふた、立入禁止措置、監視人		
9．転倒、崩壊防止	土止め支保工、荷重、立入禁止措置、避難措置、監視人		
10．電　　　気	持ち込み届、取り扱い責任者、点検、配線、ガード、漏電遮断器、電撃防止器		
11．機　　　械	持ち込み届、設置届、運転資格(免許・技能講習・特別教育)、点検、保護カバー、異常音、合図		
12．移動式クレーン	持ち込み届、設置届、運転資格(免許・技能講習・特別教育)、地盤、アウトリガー、起伏ワイヤーロープ、玉掛け資格		
13．クレーン・リフト	持ち込み届、設置届、運転資格(免許・技能講習・特別教育)、点検、制限荷重表示、接触防止、玉掛け資格		
14．杭打ち機、杭抜き機	持ち込み届、運転資格（技能講習・特別教育)、地盤、立入禁止措置、ワイヤーロープ、玉掛け資格、合図		
15．型 枠 支 保 工	組み立て図、材料、固定方法、滑動防止、変位防止		
16．保　護　具	保護帽、安全帯、保護眼鏡、マスク		
17．作 業 行 動	方法、姿勢、手順、指示、服装		
18．標　　　識	掲示（方法、場所、数量）		
19．整 理 整 頓	事務所、材料置き場、作業所内外		
20．公衆災害防止	届け出、車両出入り口、立入禁止措置、監視人		
21．そ　の　他	就業制限(無資格、未熟練者)、ガス・爆発物・危険物(責任者・表示・立入禁止措置・保管)、有機溶剤(換気・火気・マスク・保管)、衛生(換気・酸欠・トイレ・休憩所)		

（注）1．日常の安全衛生点検は、当チェックリストにより実施する。
　　　2．点検の結果、指摘事項があった場合は、「指摘及び処理」欄に記入する。
　　　3．なお、「安全衛生日誌」中の安全衛生チェックリストを用いる場合は、点検指示事項は「作業・安全指示書・就労日報」の安全衛生点検記録欄に記入する。

作業所

⑥ 安全衛生作業工程打ち合わせ

元請け担当者と専門工事業者の職長により、作業間の連絡及び調整を含め、工事の安全施工等について打ち合わせを行う。

- **時　間**　13時〜13時20分
- **場　所**　事務所、詰め所等
- **参加者**　所長、元請け担当者、専門工事業者職長
- **内　容**
  - ①当日作業の進行状況の確認及び問題点の処理
  - ②翌日の作業予定と安全指示事項の伝達
  - ③混在作業における各作業間の連絡、調整
  - ④危険有害作業に対する安全対策の検討と指示
  - ⑤巡視での指摘、指導事項に対する是正・指示
  - ⑥専門工事業者の職長からの要望事項に対する検討と措置
  - ⑦その他必要事項の伝達

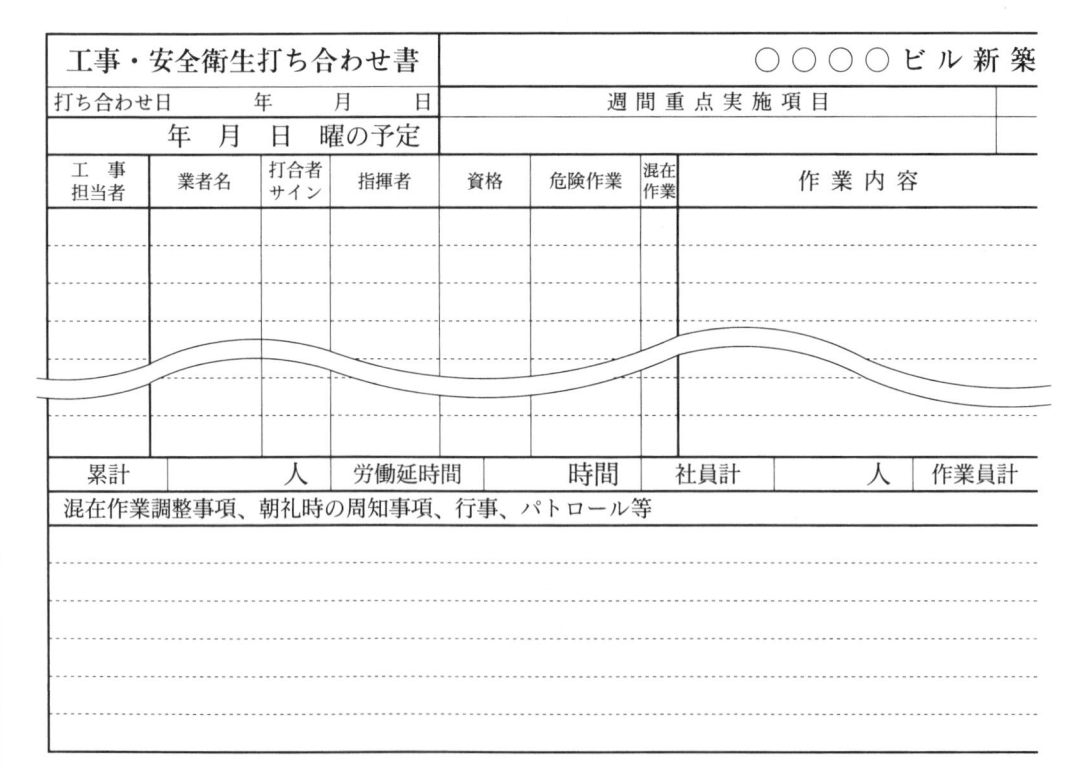

工事・安全衛生打ち合わせ書							○○○○ビル新築	
打ち合わせ日　　年　　月　　日				週間重点実施項目				
年　月　日　曜の予定								
工事担当者	業者名	打合者サイン	指揮者	資格	危険作業	混在作業	作業内容	
累計		人	労働延時間		時間	社員計	人	作業員計
混在作業調整事項、朝礼時の周知事項、行事、パトロール等								

1．危険作業は、「危険作業」欄に業者の立合者名を記入する。危険作業立会者は当該工事担当者、関連業者等は安全衛生責任者とする。
2．打ち合わせ責任者は統責者とするが、不在の場合は指名を受けた代理者が行い、サインする。

1 毎日の安全衛生サイクル活動

〈例1〉　　　　　　　　　〈例2〉

工事作業所			打ち合わせ責任者		統責者		元管者		担当者	
当日の重点実施項目					確　認　点　検　欄　　　　天候					
作業員数		危険予測法・基準等による	安全衛生指示・指導事項		実施の確認		計画と実施施設行動等に対する是正指示・処置		是正確認日	確認者
予定	実施				良否	確認者				
当日の計		人								
			統責者・元管者巡視記録				是正処置・報告			確認者

3．安全衛生責任者は打ち合わせ事項を関係作業員に周知徹底すること。

安全工程打ち合わせ書

安全工程打ち合わせ書								
打ち合わせ日　　年　月　日				週間重点実施項目				
年　月　日　曜の予定								
工事担当者	業者名	打合者サイン	指揮者	資格	危険作業	混在作業	作業内容	

累計	人	労働延時間	時間	社員計	人	作業員計

混在作業調整事項、朝礼時の周知事項、行事、パトロール等

1 毎日の安全衛生サイクル活動

作業所	打合せ責任者		統責者	元管者	担当者			
当日の重点実施項目								
			確 認 点 検 欄　　　天候					
作業員数 予定/実施	危険予測 法・基準等による	安全衛生指示・指導事項	実施の確認 良否/確認者		計画と実施 施設行動等に対する	是正指示・処置	是正確認日	確認者
当日の計　　　人								
	統責者・元管者巡視記録				是正処置・報告			確認者

⑦ 持ち場片付け ●●●●●●●●●●●●●●●●●●●●●●●●●●●●●

　作業終了前に自分の持ち場において、資材、不要材等を集積場所に片付けるなど、整理整頓、清掃を行う。

- **時　　間**　16時40分〜16時50分（作業終了前）
- **場　　所**　自分の持ち場
- **実施者**　元請け担当者、専門工事業者職長、作業員全員
- **内　　容**

①作業に使用した材料を整理整頓する。
②不要材を集積場所に片付ける。
③機・器材、工具を集積場所に整頓する。
④自分の持ち場を清掃する。
⑤共用場所について元請け担当者、職長が清掃する。
⑥持ち場片付けの確認を職長が行う。

⑧ 作業終了前点検 ●●●●●●●●●●●●●●●●●●●●●●●●●

　持ち場片付け終了後、自分の作業場所で設備と工具等の安全を自分で点検・確認し、次の日の作業に備える。

- **時　　間**　16時50分〜16時55分（持ち場片付け後）
- **場　　所**　自分の作業場所
- **実施者**　専門工事業者職長、作業員全員
- **内　　容**

　自分が作業する範囲で危険を見つけ出し、自分自身の安全と健康のためにチェックシートを使って点検し、危険・有害環境を改善し、次の日の作業に備える。

チェックシート（例）

（作業終了前点検）

No.	点検項目	日付						備考
		曜日	月	火	水	木	金	土
1								
2								
3								
4								
5								
	職長確認欄							

職長意見欄	月	
	火	
	水	
	木	
	金	
	土	

⑨ 元請け担当者の確認

元請け担当者は、専門工事業者の職長より作業終了報告を受けた後、終業時確認を行う。

- **時　間**　16時55分～17時〈作業終了前点検終了後〉
- **場　所**　作業場所全域
- **実施者**　元請け担当者
- **内　容**
  ①作業場所の整頓の状況
  ②資材、器材、工具の整頓状況
  ③残材の整理状況
  ④設備等の設置状況
  ⑤作業環境の状況
  ⑥火気の始末
  ⑦電源の切断状況
  ⑧消灯
  ⑨戸締まり

第2章◆毎日・毎週・毎月の安全衛生活動の進め方

様式例

毎日の安全衛生活動表（安全施工サイクル）

実 施 事 項	実施時刻等	実施基準（内容）	参加者
安 全 朝 礼	時　分〜		
安全ミーティング	時　分〜		
危 険 予 知 活 動	時　分〜		
作 業 前 点 検	時　分〜		
始 業 点 検	時　分〜		
作業中の指導・監督	時　分〜		
巡　　　　　視 （統責者・元管者・社員）	時　分〜		
安全工程打ち合わせ	時　分〜		
持 場 片 付 け	時　分〜		
終 業 時 確 認	時　分〜		

毎日の安全衛生活動表(安全施工サイクル)＜記載例＞

実 施 事 項	実施時刻等	実施基準(内容)	参加者
安 全 朝 礼	時 分～	1. 連絡調整事項及び元請からの指示事項の伝達等。	全 員
安全ミーティング	時 分～	1. 作業の種類が多岐にわたる場合は、作業グループ単位ごとに行わせる。 2. 当日の作業内容、他職との連絡調整事項の伝達。 3. 有資格者、作業主任者、合図者、誘導者、監視人、高齢者、就労制限者等の適正配置を指示。 4. 服装、保護具、体調等のチェックを行わせる。	全 員
危 険 予 知 活 動	時 分～	1. 原則として作業場所で行わせる。 2. 作業の種類が多岐にわたる場合は、作業グループ単位ごとに行う。 3. 作業手順書の危険のポイントとその対策を反映させる。	全 員
作 業 前 点 検	時 分～	1. 安衛法に定める明り掘削作業、ずい道等の掘削作業、土止め支保工等の点検及び作業の環境等の測定に関する事項を行わせる。 2. その他作業場所、作業個所、作業場所周辺等の安全設備等及び材料等の点検・確認を行わせる。	職 長
始 業 点 検	時 分～	1. 安衛法、ク則に定めるクレーン、移動式クレーン、車両系建設機械、車両系荷役運搬機械、軌道装置、電気機械器具、玉掛用具などの作業開始前の点検を「点検表」を用いて行い、結果を記録させる。 2. 会社または作業所長が指示した建設機械等については、点検結果を会社が定める機械管理台帳や検記録簿に記録させる。	職長・指名者
作業中の指導・監督	時 分～	1. 安全衛生責任者、作業主任者等に、指示、打合せ、危険予知活動で決めた対策事項、教育したこと等が実行されているか、監督指導を行わせる。 2. 発見した不安全な状態または不安全な行動について指導し、是正措置を行わせる。	職 長
巡 視 (統責者・元管者・社員)	時 分～	1. 作業場所全域を巡視し、巡視結果の是正指示・指導を行い、是正措置の確認を行う。 2. 安全工程打合せで決定した実施状況については、工事担当社員及び安全当番が確認する。 3. 巡視時の指導・指示は、指示書によりその場で行い、指示者による是正確認を行う。 4. 巡視結果は、毎日の安全工程打合せに生かす。また、職長会活動に反映させて、反省点は速やかに改善を行う。 5. 店社安全衛生管理者または支店担当部長等のライン管理者による指導等は、安全衛生日誌に記入し、速やかに改善または実践する。	統責者 元管者 社 員 (安全当番)
安全工程打ち合わせ	時 分～	1. 専門工事会社が作成する安全工程打ち合わせ書に基づき、翌日の作業の調整及び作業方法、作業の手順、危険の防止措置等について協議し、決定の事項を遵守させる。 2. 計画が変更された作業、新工法による作業、新たに着手する作業については、十分な協議を行う。 3. 安全工程打ち合わせから変更した作業、予定外の作業が生じたときは、その都度、担当社員と協議し、その指示に基づく作業を徹底させる。	社員・職長
持 場 片 付 け	時 分～	1. 作業員全員参加。 2. 作業に使った不用材、残材等を整理(片付け)し、残す資機材を整頓する。	全 員
終 業 時 確 認	時 分～	1. 安全衛生責任者または職長が行う。 2. 火気の始末、重機のキーの取り外しと保管の確認、第三者防護施設等の整備状況の確認を行う。 3. 確認後の元請への報告。	職 長

第2章◆毎日・毎週・毎月の安全衛生活動の進め方

様式例

ヒヤリ・ハット報告書

氏名　　　　　　職種	経験したヒヤリ・ハットについて、その原因と思われることがらを選び出し、該当するものをチェックしてください。
ヒヤリ・ハットのあらまし	いつ　　月　日（　曜）午前/午後　時　分ごろ
	どこで
	どうしていたとき
	ヒヤッとしたこと
	改善すべき事項
	現場の見取り図
	責任者のコメント
備考	

1. 〔 〕よく見えなかった
　〔 〕見にくかった
　〔 〕よく聞こえなかった
　〔 〕気がつかなかった
　〔 〕見落としをした
2. 〔 〕思い出せなかった
　〔 〕記憶ちがいをしていた
　〔 〕すっかり忘れていた
3. 〔 〕知らなかった
　〔 〕分からなかった
　〔 〕深く考えなかった
　〔 〕急所に気がつかなかった
　〔 〕複雑で分かりにくかった
　〔 〕安易に考えていた
　〔 〕ほかのことを考えていた
4. 〔 〕事実のとらえ方が悪かった
　〔 〕予想ちがいをした
5. 〔 〕危ないと思っていなかった
　〔 〕大丈夫だと思った
　〔 〕仲間の迷惑を考えなかった
6. 〔 〕頭がイライラしていた
　〔 〕カッカしていた
　〔 〕いやな気持ちで仕事をしていた
　〔 〕心配ごとが頭についていた
　〔 〕反復作業であきていた
　〔 〕連続作業で疲れていた
7. 〔 〕大丈夫と思って手順を省略した
　〔 〕ふんぎりがつかぬままやった
　〔 〕面倒臭がってやった
　〔 〕考えてはいたが、やるときに忘れた
8. 〔 〕力負けした
　〔 〕身体のバランスを崩した
　〔 〕手が思うように動かなかった
　〔 〕スピードについていけなかった
9. 〔 〕無意識に手が動いていた
　〔 〕なんとなく手が動いていた
　〔 〕考えていてもやれなかった
　〔 〕手や体が正確に動かなかった
　〔 〕やりにくかった
　〔 〕むずかしかった

1 毎日の安全衛生サイクル活動

様式例

安全改善提案書

所属部署・提出日	氏名
部　　　課　　　年　月　日	

提案テーマ		職位	1 部長	2 次長	3 課長	4 係長	5 班長	6 職長	7 一般

現在の方法

できれば別途、略図を添付してください。
今は（対象機種名を記入してください）

私の提言

改善案は（不足の場合は裏面に記入）

（節減金額）

提案部署意見		自部署処理	担当者
対策部署意見	部署名	対策依頼	担当者
		受付(処理日)	担当者
審査	審査部署　審査日　実施日　節減金額（円）　採点　級	結論 1.採用 2.不採用 3.実施済 4.保留	審査承認印

提案審査結果通知書

※　　年　月　日
※ No.

　　　　　部　　　課　　　　　殿

提案テーマ	

今回は頭書の提案をいただき、その趣旨・内容・効果などを慎重に審査いたしました結果
※優良賞・佳作賞・アイデア賞・努力賞・提案賞・入選・保留・却下となりました。
あなたの提案に対する多大なご努力に敬意を表すると共に、今後もあなたの提案をお待ちしています。

※理由

2 毎週の安全衛生サイクル活動

① 元請け職員、職長パトロール

　毎週1回、元請担当者及び専門工事業者の職長が作業場の設備の状況、作業方法等についてパトロールを実施し、日常作業の安全確認を行う。

- **日　時**　毎週水曜日　11時30分～12時
- **場　所**　作業場所全域
- **実施者**　元請担当者、専門工事業者職長
- **内　容**
  - ①設備等の設置状況
  - ②作業環境の状況
  - ③安全帯の使用状況、保護帽の着用状況
  - ④服装
  - ⑤作業方法
  - ⑥作業行動
  - ⑦資材等の整理整頓の状況

② 安全衛生作業工程打ち合わせ会議

　元請けの職長パトロール実施後、元請け担当者と専門工事業者の職長により、週間工程、工事のポイント、重点実施事項等について打ち合わせを行う。

- **時　間**　毎週水曜日　13時～13時30分
- **場　所**　事務所、詰め所等
- **参加者**　所長、元請け担当者、専門工事業者職長
- **内　容**
  - ①週間工程の説明
  - ②次週の工事のポイント
  - ③次週の重点実施事項の確認
  - ④次週の危険作業と対策
  - ⑤行事等の説明
  - ⑥職長、作業員からの提案、意見
  - ⑦職長パトロール結果の報告と是正
  - ⑧作業環境の確認　他

３ 一斉片付け

毎週金曜日は、作業終了前点検の実施前に、持ち場等の片付けをする。

日　時	毎週金曜日　16時30分～16時40分
場　所	各自の持ち場、現場周辺環境
実施者	元請け担当者、専門工事業者職長、作業員全員
内　容	

①持ち場の資材、機材の整理整頓

②通路の確保

③現場周辺の環境整理

様式例

毎週の安全衛生活動表（安全施工サイクル）

	実施事項	実施時刻等	実施基準（内容）	参加者
毎週の安全衛生活動	週間安全工程打ち合わせ	曜日		
	職長会安全巡視	曜日		
	一斉片付	曜日		
	社員打ち合わせ	曜日		

毎週の安全衛生活動表（安全施工サイクル）＜記載例＞

	実施事項	実施時刻等	実施基準（内容）	参加者
毎週の安全衛生活動	週間安全工程打ち合わせ	曜日	1．進捗状況による各職種間の作業調整を行う。 2．工程計画に基づく、各職種間の工事予定の調整を行う。 3．作業に伴う危険個所の周知。 4．通路、仮設物、機械等の配置、段取り替え等の協議。	社員・職長
	職長会安全巡視	曜日	1．職長会規約に基づき、自主的運営を促進する。 2．毎日の点検で見落としのものはないか等、十分なチェックを行う。	社員・職長
	一斉片付	曜日	1．工程計画に基づく作業の流れを考え、機器・資材、不用材の配置を決めて実施する。 2．実施は職長会に委託し、自主的運営を行わせる。	全員
	社員打ち合わせ	曜日	1．工程計画の調整。 2．業務及び責任区分の実施状況の確認。	社員

3 毎月の安全衛生サイクル活動

① 合同パトロール

　毎月1回、所長、元請け担当者及び関係専門工事業者の店社担当者、職長が作業場の設備、環境、作業方法等についてパトロールを実施し、安全の確認を行うとともに是正事項を協議する。

日　時　毎月最終水曜日　11時30分〜12時
場　所　作業場所全域
実施者　所長、元請け担当者、関係専門工事業者の店社担当者、職長
内　容
　①設備等の状況
　②作業環境の状況
　③作業方法
　④作業手順
　⑤資機材の使用状況
　⑥服装
　⑦安全表示、掲示等
　⑧安全帯の使用状況、保護帽の着用状況

合同パトロール（例）

第2章◆毎日・毎週・毎月の安全衛生活動の進め方

安全衛生是正指示書（例）

				年　月　日
		安 全 衛 生 是 正 指 示 書		

会社名　　　　　　　　　
代表者　　　　　　　　殿

下記の通り是正して下さい。

点　検　者　　　　　　㊞

作 業 所 名		工事の現況	
所　長　名		当時の稼働人員	

	項　　　目	点検	是 正 を 要 す る 事 項	是 正 の 状 況
1.	管理体制 安全衛生管理組織			
2.	安全衛生活動			
3.	協力会社管理書類			
4.	安全衛生協議会			
5.	管理活動 朝礼・TBM・作業開始前点検			
6.	新規入場者教育			
7.	安全指示・連絡調整状況			
8.	安全衛生点検			
9.	職長会活動			
10.	安全衛生管理計画			
11.	計画・施設・作業状況 杭・掘削・土止め			
12.	鉄骨組み立て			
13.	型枠支保工			
14.	足　　場			
15.	脚立・ローリングタワー			
16.	作業床・開口部			
17.	その他			
18.	重機械・クレーン・リフト等			
19.	電動工具・溶接機・電気設備			
20.	作業行動状況			
21.	その他（①整理整頓②標識等）			

総　　評	

是正報告書提出期限　　　年　月　日

統括責任者(所長)	元方安衛管理者	担当

安全衛生是正報告書(例)

　　　　　　　　　　　　　　　　　　　　　　　　　　　　　　　　年　月　日

安全衛生是正報告書

○○建設㈱殿

　指示された事項について是正しましたので報告します。

　　　　　　　　　　　　　　　　　　　　　統括安全衛生責任者　　　　㊞

	項　目	点検	是正を要する事項	是正の状況
	作業所名		工事の現況	
	所　長　名		当時の稼働人員	
1.	管理体制 / 安全衛生管理組織			
2.	安全衛生活動			
3.	協力会社管理書類			
4.	安全衛生協議会			
5.	管理活動 / 朝礼・TBM・作業開始前点検			
6.	新規入場者教育			
7.	安全指示・連絡調整状況			
8.	安全衛生点検			
9.	職長会活動			
10.	安全衛生管理計画			
11.	計画・施設・作業状況 / 杭・掘削・土止め			
12.	鉄骨組み立て			
13.	型枠支保工			
14.	足　場			
15.	脚立・ローリングタワー			
16.	作業床・開口部			
17.	その他			
18.	重機械・クレーン・リフト等			
19.	電動工具・溶接機・電気設備			
20.	作業行動状況			
21.	その他(①整理整頓②標識等)			

　　　　総　評

是正報告書提出期限　　　　年　月　日

社長	部長	担当	点検者

安全衛生是正指導書（例）

平成　年　月　日

安 全 衛 生 是 正 指 導 書

会社名　_____

代表者　_____　殿

　　　　　　　　　　　　　　　　　　○○建設（株）

　　　　　　　　　　　　　　　　　_____㊞

　貴事業場（　　　　　　　　　　）における、下記事項について所定期日までに改善処置し、その旨を延滞なく報告願います。

是正No.	是　正　・　指　導　事　項	是 正 期 日
		・　・
		・　・
		・　・
		・　・
		・　・
		・　・
		・　・
		・　・
		・　・
		・　・

安全衛生是正報告書（例）

平成　年　月　日

安全衛生是正報告書

○○建設㈱殿

一次下請け業者
会　社　名　＿＿＿＿＿＿＿＿＿＿＿

代表者　＿＿＿＿＿＿＿＿＿＿＿　印

指摘された事項については下記の通り是正・改善処置をしましたので報告します。

事業場名（　　　　　　　　　　）

是正No.	是　正　内　容	是正完了年月日
		・　・
		・　・
		・　・
		・　・
		・　・
		・　・
		・　・
		・　・
		・　・
		・　・
		・　・

登録済店社安全衛生管理の責任者	役職	氏名

（注）①当該事業場の是正報告をするとともに、関係する当社の他の事業場に対して、再発防止のための水平展開をどのような形で指導したか合わせてご報告願います。
　　　②郵送にて安全管理部長宛報告願います。

社　長	部　長	担　当	巡視点検者
			印

様式例

安全衛生点検是正指示書

平成　年　月　日

_____殿

安全点検実施者

_____

安全点検の結果は下記のとおりです。
安全管理上の不備事項は早急に改善して下さい。

1. 点検実施日　　平成　年　月　日

2. 点検場所_____

3. 不備事項

　_____
　_____
　_____
　_____
　_____
　_____

4. 是正期限　　　　　　平成　年　月　日
5. 是正報告書提出期限　平成　年　月　日

❸ 毎月の安全衛生サイクル活動

様式例

是正報告書

平成　年　月　日

　　　　　　　　　　　　　　殿

　　　　　　　　　　　　　　　　　是正報告者

安全点検の結果、指摘を受けた事項に関し、下記のとおり、是正致しましたので、報告申し上げます。

指　摘　事　項	是正年月日	是　正　内　容

② 安全衛生大会

元請け職員、関係専門工事業者、作業員全員が参加し、作業所長が方針、安全指示を行い、併せて安全表彰を行う。元請け担当者は工事の進捗状況、安全活動を説明し、関係者全員の安全意識の高揚を図る。

日　時	毎月最終水曜日　13時〜13時15分
場　所	作業場内の広場
実施者	○元請け職員　　　○関係専門工事業者
	所長　　　　　　　職長
	担当者　　　　　　作業員

内　容

①所長方針、安全指示
②安全表彰
③元請け担当者
　〈a〉進捗状況説明
　〈b〉月間工程と災害防止重点実施項目説明
　〈c〉安全活動の周知

③ 安全衛生協議会

　元請け職員、関係専門工事業者の職長が全員参加し、翌月の工程、災害防止対策等を協議し、作業間の連絡と調整等を行う。

日　時	毎月最終水曜日　13時15分～13時45分（安全衛生大会終了後）
場　所	事務所、詰め所等
実施者	○元請け職員　　　○関係専門工事業者
	所長　　　　　　　職長
	担当者

内　容
①所長方針、安全指示　　　　　　②翌月の工程説明
③翌月の工事のポイント　　　　　④翌月の重点実施事項の説明
⑤翌月の危険作業と対策　　　　　⑥行事等の説明
⑦職長・作業員からの提案、意見　⑧職長パトロール結果の報告と是正
⑨災害事例等報告　　　　　　　　⑩設備等の改善、確認
⑪作業方法の改善、確認　　　　　⑫作業手順の改善、確認
⑬作業環境の改善、確認

第2章◆毎日・毎週・毎月の安全衛生活動の進め方

様式例

安全衛生協議会組織図①

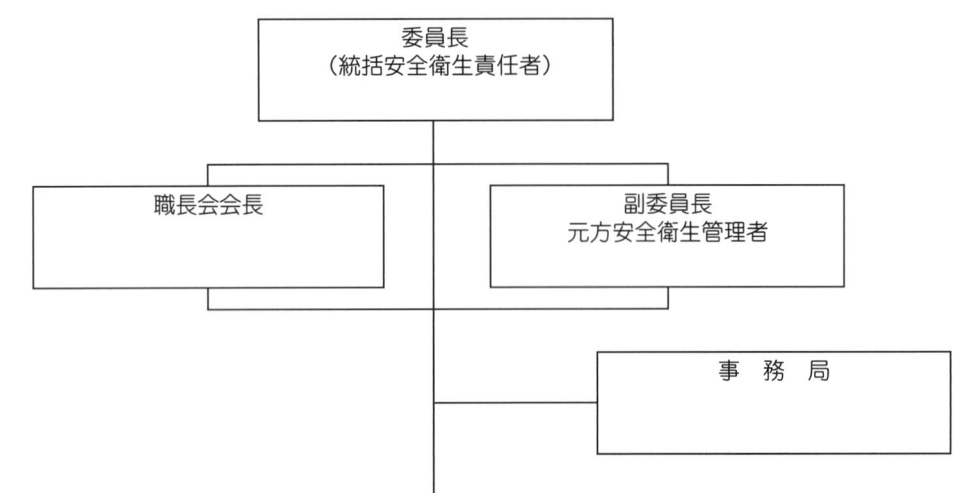

```
              委員長
        （統括安全衛生責任者）
           ／        ＼
    職長会会長          副委員長
                    元方安全衛生管理者
                         │
                      事 務 局
```

元方職員		専　門　工　事　会　社					
担当業務	氏　名	職種	会社名	安全衛生責任者	職種	会社名	安全衛生責任者
		鳶・土工					
		杭工					
		土止め工					
		鉄筋工					
		型枠工					
		コンクリート工					
		サッシュ工					
		防水工					
		屋根工					
		ガラス工					
		左官工					
		鉄骨工					
		金属工					
		造作工					
		内装工					
		木建工					
		タイル工					
		塗装工					
		家具工					

様式例

安全衛生協議会組織図②

```
                    委員長（統括安全衛生責任者）
                              │
        ┌─────────────────────┴─────────────────────┐
   職長会会長                              副委員長（元方安全衛生管理者）
        │                                           │
        │                                      事　務　局
        │
```

委員（元方）	委員（専門工事会社）			
	会社名	職　種	安全衛生推進者 （事業者）	安全衛生責任者 （職長）

④ 月例点検（定期自主検査）

　機械、設備、機器等による労働災害を未然に防止するため、当該機械等は、毎月、定期的に点検が必要である。次の機械等は各項目等について記録を3年間保存しなければならない。

- **実施日**　毎月1回、定期に実施
- **場　所**　設置場所等
- **実施者**　元請け設置のもの──────────元請け事業者
　　　　　　専門工事業者設置、持ち込みのもの──専門工事業者

- **記録の項目**
  - ①検査年月日　　②検査方法
  - ③検査個所　　　④検査結果
  - ⑤検査実施者名　⑥検査結果に基づいて補修した場合はその内容

- **機械等点検項目**（建設現場で使用されることの多い機械を例示）

①**クレーン、移動式クレーン**（クレーン則35条、77条）
　〈a〉安全装置、警報装置、ブレーキ、クラッチ
　〈b〉ワイヤロープ、つりチェーン
　〈c〉フック、グラブバケット等のつり具
　〈d〉配線、集電装置、配電盤、開閉器、コントローラー

②**建設用リフト**（クレーン則192条）
　〈a〉ブレーキ、クラッチ
　〈b〉ウインチの据え付け状態
　〈c〉ワイヤロープ
　〈d〉ガイロープの緊結部分
　〈e〉配線、開閉器、制御装置
　〈f〉ガイドレール

③**エレベーター**（クレーン則155条）
　〈a〉ファイナルリミットスイッチ、非常止め等安全装置、ブレーキ、制御装置
　〈b〉ワイヤロープ
　〈c〉ガイドレール
　〈d〉屋外設置のエレベーターはガイロープ緊結部

④**車両系建設機械**（安衛則168条）
　〈a〉ブレーキ、クラッチ、操作装置、作業装置
　〈b〉ワイヤロープ、チェーン
　〈c〉バケット、ジッパー等

⑤**高所作業車**（安衛則194条の24）

　〈a〉制動装置、クラッチ、操作装置

　〈b〉作動装置、油圧装置

　〈c〉安全装置

⑥**ショベルローダー**（安衛則151条の32）

　〈a〉制動装置、クラッチ、操縦装置

　〈b〉荷役装置、油圧装置

　〈c〉ヘッドガード

⑦**電気機械器具の固い、絶縁覆い**（安衛則353条）

⑧**絶縁用保護具、絶縁用防具、活線作業用装置、活線作業用器具**（安衛則351条）

　〈a〉絶縁性能（6カ月ごと定期）

様式例

毎月の安全衛生活動表（安全施工サイクル）

	実施事項	実施時刻等	実施基準（内容）	参加者
毎月の安全衛生活動	安全衛生協議会（工程会議）	第　　曜日		
	安全衛生大会	第　　曜日		
	月例点検	第　　曜日		

毎月の安全衛生活動表（安全施工サイクル）＜記載例＞

	実施事項	実施時刻等	実施基準（内容）	参加者
毎月の安全衛生活動	安全衛生協議会（工程会議）	第　　曜日	1．安全衛生協議会に先立ち、安全巡視を行う。 2．規約に基づき、月間工程計画、機械等の配置計画、各職種間の連絡調整事項、警報・合図の統一、教育・訓練等の行事予定、点検・測定等の周知、その他提案事項を協議し、決定事項を周知する。 3．議事内容を記録し、欠席した専門工事会社に渡して周知する。	社員・職長（事業者）
	安全衛生大会	第　　曜日	1．前月の安全衛生実績の評価、今後1カ月の工程及び具体的安全対策の周知、安全衛生協議会等の決定事項等の周知を行い、作業所規律の維持及び作業員の安全意識向上を図る。	全員
	月例点検	第　　曜日	1．安全衛生関係法令に定める機械、設備等について、点検・検査を行う。 2．点検は「点検表」により行い、結果を記録し、法で定められた期間、保存する。	指名者等

第3章

各種の安全衛生活動の進め方

　安全衛生活動は常態的に実施することであるが、必要に応じて随時実施しなければならないことが多数ある。掲示、表示、合図、立入禁止措置、監視人・誘導者の配置、保護具の使用、有資格者の配置、作業主任者の選任、女性の就業制限等の順守、入場予定業者との打ち合わせ、持ち込み機械の点検、新規入場者等の安全衛生教育、健康管理等である。
　建設現場のその時々の状態は関係者全員に周知し、共同認識を持って安全衛生管理・活動を推進しなければならない。

1 随時実施する安全衛生活動

　安全衛生活動は毎日、毎週、毎月実施する事項の他に、入場予定業者とのあらかじめの打ち合わせ、持ち込み機械等の点検、作業開始前の点検、定期の自主検査等について適切に実施することが大切である。

① 入場予定業者との打ち合わせ

　労働災害防止の徹底を図るため、あらかじめ、関係専門工事業者との打ち合わせを実施し、現場状況に応じた適切な作業方法、適任者の配置等の配慮をすることが大切である。送り出し教育が実施されていることを入場前に確認することも必要である。

時　期　作業所入場前
場　所　作業所事務所
打ち合わせ者　元請け担当者、専門工事業者担当責任者、職長
内　容
　①現場説明（立地条件等）
　②施工計画、施工要領、作業要領
　③安全衛生管理計画
　④資格者の配置
　⑤教育
　⑥健康管理
　⑦作業所のルール
　⑧送り出し教育の実施

様式例

安全衛生誓約書

安全衛生誓約書

平成　年　月　日

_____株式会社

_____作業所長殿

住　　　所　_____

会　社　名　_____

代表者氏名　_____　㊞

　今般、貴社発注に係る上記工事の施工にあたり、労働基準法、労働安全衛生法並びに労働安全衛生規則などの諸規則に従い、忠実に作業させ、また貴社の安全衛生に関する指示命令に従うほか、万一、当方の責により災害が発生したときは、当方において一切の責任を負い、貴社に一切の迷惑をかけないことを誓約いたします。

以　　上

第 3 章 ◆ 各種の安全衛生活動の進め方

様式例

安全衛生責任者選任報告書

安全衛生責任者選任報告書

平成　年　月　日

＿＿＿＿＿＿＿＿＿＿＿＿株式会社

＿＿＿＿＿＿＿＿＿＿＿＿作業所長殿

住　　　所　＿＿＿＿＿＿＿＿＿＿＿＿

会　社　名　＿＿＿＿＿＿＿＿＿＿＿＿

代表者氏名　　　　　　　　　　　　㊞

下記の通り選任しましたので、お届けいたします。

氏　　　名		生年月日	年　月　日（満　　歳）
出 身 地	都道府県	役職名	
現 住 所			
職　　種	年　　ヵ月	班　　名	班
経験年数		入社年月	昭和　　年　　月　　日
資　　格			
免　　許			

安全衛生責任者の職務
   1.　統括安全衛生責任者との連絡
   2.　統括安全衛生責任者からの連絡を受けた事項の関係者への周知

様式例

作業主任者選任報告書

作業主任者選任報告書

平成　年　月　日

_____株式会社

_____作業所長殿

　　　　　　　住　　所　_____

　　　　　　　会　社　名　_____

　　　　　　　代表者氏名　_____㊞

下記の通り選任しましたので、お届けいたします。
なお、交代、追加などにつきましては、そのつど、報告いたします。

区　分	氏　名	生年月日	経験年数	資格取得年月日	選任年月日	備　考（免許番号等）

❷ 持ち込み機械等の点検

機械等による労働災害を未然に防止するため、次の機械等は持ち込み時に点検を実施する。

- **時　　間**　機械等の持ち込み時
- **場　　所**　作業場
- **実 施 者**　元請け担当者
- **対象機械等**

（例）

職　　種	使　用　機　器
解体工、鳶工、はつり工、土工、雑役工等	ウインチ類、ミキサー類、ベルトコンベヤー、バイブロコンパクタ、ポンプ類、さく岩機、ピック、ブレーカー、バイブレーター類、コンプレッサー、溶接機、ドリル、チェーンブロック、車両系建設機械
大工、型枠大工等	ウインチ類、電動のこ、プレーナー、ドリル
鉄　筋　工	鉄筋カッター、ベンダー、溶接機、圧接機、移動式クレーン等
鉄骨組み立て板金工等	コンプレッサー、インパクトレンチ、チェーンブロック、溶接機、ドリルカッター、自動折り曲げ機、ボール盤、サンダー、移動式クレーン等
左　官　工　等	ウインチ類、ミキサー、ベルトコンベヤー、リフト類
造園工、土工等	フィニッシャー、平面バイブレーター、ローラー、ウインチ類、ミキサー類、ポンプ類、さく岩機、コンプレッサー、ベルトコンベヤー、車両系建設機械、移動式クレーン等
配管工、電工等	溶接機、ドリル、ネジ切り盤、パイプカッター、のこ盤、高速切断機、ボール盤、グラインダー、サンダー、ウインチ類、ポンプ類
内装工、塗装工、防水工、ALC工等	ミキサー、ポンプ類、ヒーター、かくはん機、ウインチ類、リフト類、溶接機、ドリル、サンダー、コンプレッサー、ブロアー、車両系建設機械、移動式クレーン等

様式例

持ち込み機械使用許可願い書

持ち込み機械使用許可願い書

平成　年　月　日

_____株式会社

_____作業所長殿

住　　　所　_____

会　社　名　_____

代表者氏名　_____　㊞

今般、貴作業所工事に使用のため、下記機械を持ち込みたく、ご許可願います。

機　械　名	
型式・性能	
持ち込み年月日	
使　用　期　間	
使　用　場　所	
取り扱い責任者	
点　検　責　任　者	
使用者資格免許	

上記機械持ち込みにあたり、下記事項を守り、貴作業所にご迷惑をおかけ致しません。

記

(1) 持ち込み時の安全性を確認し、その点検記録を別紙にて提出致します。
(2) 取り扱いに資格を要する場合は、免許証等を貴社に提出し、その確認を受けてから使用致します。
(3) 持ち込み機械については、定期的に点検整備を行い、そのつど、記録を提出し、安全の確保に万全を期します。
(4) 貴作業所よりの持ち出しは、必ず許可を受けて搬出致します。

（全建統一様式）

③ 作業開始前点検

労働災害を未然に防止するため、次の機械等は作業開始前に点検を実施しなければならない。

時　期	作業開始前	場　所	機械等設置場所

実施者	機械等使用者

機　械　等	法　令	点　検　項　目
①車両系建設機械	安衛則170条	ブレーキ、クラッチ
②車両系建設機械 　くい打機 　くい抜機 　ボーリングマシーン	安衛則192条	＜a＞機体、緊結用のゆるみ、損傷 ＜b＞巻上げ用ワイヤロープ、みぞ車、 　　　滑車装置の取付状態 ＜c＞巻上げ装置のブレーキ、歯止め装置の機能 ＜d＞ウインチの据付状態 ＜e＞控えのとり方、固定状況
③高所作業車	安衛則194条の23	制動装置、操作装置、作業装置
④軌道装置	安衛則232条	＜a＞ブレーキ、連結装置、警報装置、集電装置、 　　　前照燈、制御装置、安全装置の機能 ＜b＞配管の漏れ
⑤軌道(手押し車両軌道)	安衛則232条	軌道、路面
⑥型わく支保工	安衛則244条	コンクリート打設作業に係る型わく支保工
⑦研削といし	安衛則118条	１分間以上試運転 　(研削といし取替え時は３分間以上)
⑧溶接棒ホルダー	安衛則352条	＜a＞絶縁防護部分 ＜b＞ホルダー用ケーブルの接続部
⑨交流アーク溶接機用 　自動電撃防止装置	安衛則352条	作動状況
⑩感電防止用漏電しゃ断装置	安衛則352条	作動状況
⑪電動機械器具で金属製 　外わくを接地したもの	安衛則352条	＜a＞接地線の切断 ＜b＞接地極の浮上がり
⑫移動電線及び 　附属接続器具	安衛則352条	＜a＞被覆 ＜b＞外装

機械 等	法 令	点 検 項 目
⑬検電器具	安衛則352条	検電性能
⑭短絡接地器具	安衛則352条	<a>取付金具 <b>接地導線
⑮絶縁用保護具 　絶縁用防具 　活線作業用装置 　活線作業用器具 　絶縁用防具 　絶縁用防護具	安衛則352条	<a>ひび、割れ、破れ <b>乾燥状態
⑯明り掘削を行う作業箇所 　及びその周辺の地山 　（作業開始前及び大雨、中震 　以上の地震後）	安衛則358条	<a>浮石、き裂 <b>含水、湧水、凍結の変化
⑰地下作業場	安衛則322条	<a>ガス導管からの漏れ <b>ガス濃度測定
⑱ずい道の建設の作業に 　係るずい道などの内部 　の地山	安衛則382条	<a>浮石、き裂 <b>含水、湧水
⑲ずい道支保工	安衛則396条	<a>部材の損傷、変形、腐食、変位、脱落 <b>部材の緊圧 <c>部材の接続部、交さ部 <d>脚部の沈下
⑳貨物自動車の荷掛け 　繊維ロープ	安衛則151条の69	<a>ストランドの切断 <b>損傷、腐食
㉑100kg以上の荷を貨物 　自動車または不整地運 　搬車に積み卸しする作業	安衛則151条の48、 151条の70	器具・工具
㉒フォークリフト 　ショベルローダ等	安衛則151条の25、 151条の34	<a>制動装置、操縦装置の機能 <b>荷役装置、油圧装置の機能 <c>車輪 <d>前照灯、後照灯、方向指示器、 　　警報装置の機能

機　械　等	法　　令	点　検　項　目
㉓不整地運搬車	安衛則151条の57	＜a＞制動装置、操縦装置の機能 ＜b＞荷役装置、油圧装置の機能 ＜c＞履帯、車輪 ＜d＞前照灯、尾灯、方向指示器、警報装置の機能
㉔貨物自動車 （運行用を除く）	安衛則151条の75	＜a＞制動装置、操縦装置の機能 ＜b＞荷役装置、油圧装置の機能 ＜c＞車輪 ＜d＞前照灯、尾灯、方向指示器、警音器の機能
㉕コンベヤー	安衛則151条の82	＜a＞原動機・プーリーの機能 ＜b＞逸走等防止装置の機能 ＜c＞非常停止装置の機能 ＜d＞原動機、回転軸、歯車、プーリー等の覆い、囲い等
㉖安全帯等の取付設備等	安衛則521条の2項	＜a＞安全帯等 ＜b＞その取付け設備等
㉗足場 ［強風、大雨、大雪等の悪天候若しくは中震以上の地震又は足場の組立て、一部解体若しくは変更の後］	安衛則567条	＜a＞床材の損傷、取付け及び掛渡しの状態 ＜b＞建地、布、腕木等の緊結部、接続部及び取付部のゆるみの状態 ＜c＞緊結材及び緊結金具の損傷及び腐食の状態 ＜d＞手すり等の取りはずし及び脱落の有無 ＜e＞脚部の沈下及び滑動の状態 ＜f＞筋かい、控え、壁つなぎ等の補強材の取付状態及び取りはずしの有無 ＜g＞建地、布及び腕木の損傷の有無 ＜h＞突りょうとつり索との取付部の状態及びつり装置の歯止めの機能

1 随時実施する安全衛生活動

機械等	法令	点検項目
㉘つり足場	安衛則568条	＜a＞床材の損傷、取付け及び掛渡しの状態 ＜b＞建地、布、腕木等の緊結部、接続部及び取付部のゆるみの状態 ＜c＞緊結材及び緊結金具の損傷及び腐食の状態 ＜d＞手すり等の取りはずし及び脱落の有無 ＜e＞筋かい、控え、壁つなぎ等の補強材の取付状態及び取りはずしの有無 ＜f＞突りょうとつり索との取付部の状態及びつり装置の歯止めの機能
㉙クレーン	クレーン則36条	＜a＞巻過防止装置、ブレーキ、クラッチ及びコントローラーの機能 ＜b＞ランウェイの上及びトロリが横行するレールの状態 ＜c＞ワイヤロープが通っている箇所の状態
㉚移動式クレーン	クレーン則78条	＜a＞巻過防止装置、過負荷防止装置その他の警報装置 ＜b＞ブレーキ、クラッチ、コントローラー
㉛建設用リフト	クレーン則193条	＜a＞ブレーキ及びクラッチの機能 ＜b＞ワイヤロープが通っている箇所
㉜玉掛用具	クレーン則220条	＜a＞ワイヤロープ、つりチェーン、繊維ロープ、繊維ベルト ＜b＞フック、シャックル、リング等の金具
㉝クレーン、建設用リフト ［瞬間風速が毎秒30mをこえる風が吹いた後、中震以上の震度の地震の後］	クレーン則37条、194条	クレーン、建設用リフトの各部
㉞酸素欠乏危険作業において使用する空気呼吸器、酸素呼吸器、送気マスク、安全帯等を取り付ける設備等	酸欠則7条	異常の有無
㉟酸素欠乏危険のある場所で作業する者（入場時、退場時）	酸欠則8条	作業の人数

第3章◆各種の安全衛生活動の進め方

機械等	法令	点検項目
㊱酸素欠乏危険のある場所及び作業開始前、作業に従事するすべての労働者が作業を行う場所を離れた後再び作業を開始する前、労働者の身体、換気装置等に異常があったとき	酸欠則11条2項2号、11条3項	＜a＞空気中の酸素濃度 ＜b＞空気中の硫化水素濃度 ＜c＞測定器具、換気装置、空気呼吸器等
㊲事務所（毎日）	事務所則6条2項	燃焼器具

21%

18% 安全限界 連続換気必要

16% 呼吸、脈拍の増加、頭痛、悪心、はきけ

6% 瞬時に昏倒、呼吸停止、けいれん、死亡

8% 失神昏倒 7～8分で死亡

10% 顔面そう白、意識不明、嘔吐

12% めまい、はきけ、筋力低下、体重支持不能

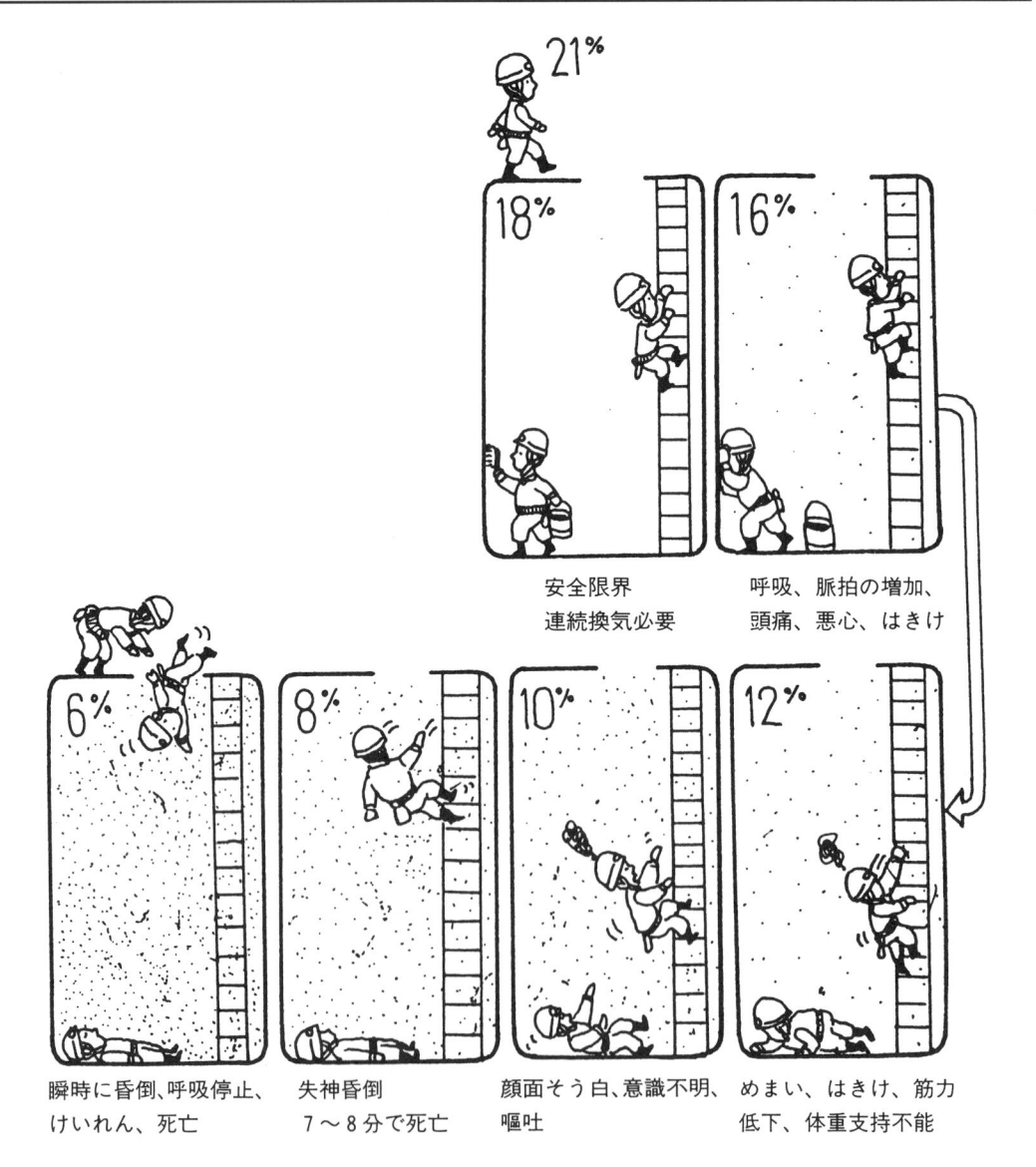

④ 特定自主検査

機械等の損耗を点検し、当該機械等による労働災害を未然に防止するため、次の機械等は1年以内ごとに1回、定期に、規定された項目について自主検査を実施し、その記録を3年間保存しなければならない。

時　期	1年以内ごとに1回定期	場　所	設置場所など
実施者	有資格者、検査業者		
記録の項目	①検査年月日　②検査方法　③検査箇所　④検査結果　⑤検査実施者名 ⑥検査結果に基づいて補修したい場合はその内容		

機　械　等	法　　令	点　検　項　目
①車両系建設機械	安衛則169条の2	整地・運搬・積込み用機械、掘削用機械、基礎工事用機械、締固め用機械、コンクリート打設用機械、解体用機械で動力を用い、かつ不特定の場所に自走できるもの。 <a>圧縮圧力、弁すき間その他原動機の異常の有無 <b>クラッチ、トランスミッション、プロペラシャフト、デファレンシャルその他動力伝達装置の異常の有無 <c>起動輪、遊動輪、上下転輪、履帯、タイヤ、ホイールベアリングその他走行装置の異常の有無 <d>かじ取り車輪の左右の回転角度、ナックル、ロッド、アームその他操縦装置の異常の有無 <e>制動能力、ブレーキドラム、ブレーキシューその他ブレーキの異常の有無 <f>ブレード、ブーム、リンク機構、バケット、ワイヤロープその他作業装置の異常の有無 <g>油圧ポンプ、油圧モーター、シリンダー、安全弁その他油圧装置の異常の有無 <h>電圧、電流その他電気系統の異常の有無 <i>車体、操作装置、ヘッドガード、バックストッパー、昇降装置、ロック装置、警報装置、方向指示器、灯火装置及び計器の異常の有無

機　械　等	法　　令	点　検　項　目
②高所作業車	安衛則194条の26	<a>圧縮圧力、弁すき間その他原動機の異常の有無 <b>クラッチ、トランスミッション、プロペラシャフト、デファレンシャルその他動力伝達装置の異常の有無 <c>起動輪、遊動輪、上下転輪、履帯、タイヤ、ホイールベアリングその他走行装置の異常の有無 <d>かじ取り車輪の左右の回転角度、ナックル、ロッド、アームその他操縦装置の異常の有無 <e>制動能力、ブレーキドラム、ブレーキシューその他制動装置の異常の有無 <f>ブーム、昇降装置、屈折装置、平衡装置、作業床その他作業装置の異常の有無 <g>油圧ポンプ、油圧モーター、シリンダー、安全弁その他油圧装置の異常の有無 <h>電圧、電流その他電気系統の異常の有無 <i>車体、操作装置、安全装置、ロック装置、警報装置、方向指示器、灯火装置及び計器の異常の有無
③フォークリフト	安衛則151条の24	<a>圧縮圧力、弁すき間その他原動機の異常の有無 <b>デファレンシャル、プロペラシャフトその他動力伝達装置の異常の有無 <c>タイヤ、ホイールベアリングその他走行装置の異常の有無 <d>かじ取り車輪の左右の回転角度、ナックル、ロッド、アームその他操縦装置の異常の有無 <e>制動能力、ブレーキドラム、ブレーキシューその他制動装置の異常の有無 <f>フォーク、マスト、チェーン、チェーンホイールその他荷役装置の異常の有無 <g>油圧ポンプ、油圧モーター、シリンダー、安全弁その他油圧装置の異常の有無 <h>電圧、電流その他電気系統の異常の有無 <i>車体、ヘッドガード、バックレスト、警報装置、方向指示器、灯火装置及び計器の異常の有無

機　械　等	法　　令	点　検　項　目
④**不整地運搬車**	安衛則151条の56	<a>圧縮圧力、弁すき間その他原動機の異常の有無 <b>クラッチ、トランスミッション、ファイナルドライブその他動力伝達装置の異常の有無 <c>起動輪、遊動輪、上下転輪、履帯、タイヤ、ホイールベアリングその他走行装置の異常の有無 <d>ロッド、アームその他操縦装置の異常の有無 <e>制動能力、ブレーキドラム、ブレーキシューその他制動装置の異常の有無 <f>荷台、テールゲートその他荷役装置の異常の有無 <g>油圧ポンプ、油圧モーター、シリンダー、安全弁その他油圧装置の異常の有無 <h>電圧、電流その他電気系統の異常の有無 <i>車体、警報装置、方向指示器、灯火装置及び計器の異常の有無

2 教育

① 新規入場者教育

TBM終了後、新規入場者を事務所等に集め、調査表、作業所注意事項等により面接と教育を行う。

時　間　8時15分～8時30分（TBM終了後）
場　所　作業所事務所等
実施者　元請け担当者
内　容

①**面接**……元請け担当は、次の項目のチェックを行う。
　〈a〉事前に所属会社から届け出が出されているか
　〈b〉未成年者ではないか
　〈c〉健康状態（視力、聴力、血圧、動作の異常）はどうか
　〈d〉服装はよいか
　〈e〉資格、免許の有無
　〈f〉当日、分担された作業に適しているか
　　以上の項目で不適切な項目があれば、その対策を行い、確認が取れるまで入場させないことが大切である。

②**教育**……チェック終了後、作業者に、次の事項について入場者教育を行う。
　〈a〉工事概要
　〈b〉安全衛生管理計画と安全衛生規程
　〈c〉指揮命令系統
　〈d〉作業内容と労働災害防止対策
　〈e〉混在作業の災害防止
　〈t〉保護具の使用方法
　〈g〉作業開始前の点検
　〈h〉緊急時の対応
　〈i〉作業場のルール
　〈j〉交通災害防止

新規入場者調査票（例）

		平成　年　月　日	
新規入場年月日	平成　年　月　日	一次協力業者名	
フリガナ 氏　　名		生年月日 性　別	S・H　年　月　日生 男・女　（　　歳）
現　住　所		TEL	
家族への連絡先		TEL	
あなたに賃金を 支払う会社名		雇用年月日	昭和 平成　年　月　日
あなたの職歴		職長は誰ですか	
経験年数	年　カ月　血圧	～	血液型　A・B・AB・O
病気入院の有無	有・無　病名は	現場でけがをしたことは	有・無
最近の健康診断	平成　年　月　日	最近の健康状態	良い・普通・悪い

あなたの持っている資格等に○を付けて下さい。

- 職長　　　　　　　　　職長教育修了
- クレーン運転者　　　　1．免許　　　　2．技能講習　　　3．特別教育
- 移動式クレーン運転者　1．免許　　　　2．技能講習　　　3．特別教育
- 玉掛業務　　　　　　　1．技能講習　　2．特別教育　　　3．その他（　）
- 高所作業車運転者　　　1．技能講習　　2．特別教育
- 足場組立作業主任者　　1．技能講習
- 鉄骨組立作業主任者　　1．技能講習
- ガス溶接作業者　　　　1．免許　　　　2．技能講習
- アーク溶接作業者　　　1．特別教育
- 運転免許　　　　　　　1．普通免許　　2．大型免許　　　3．特殊免許（　　）
- その他の資格（　　　　　　　　　　　）

給与形態	支払日	日／毎月	先月支給	有・無	支払率	％

私は、作業所の注意事項を守って安全に作業を行います。
　　　　　　　　　　　　　　　　　　平成　年　月　日
会社名　　　　　　　　　（氏名）

確認印	所長		担当者	

2　教　育

新規入場時教育（例）

○○○○○工事　で働く皆様へ

責任者	実施者

　当事業場では、快適な職場環境の形成を目指して皆様方が健康で、安全に気持ちよく働けるよう、次のことを定めています。よく守って他人に迷惑をかけないようにしましょう。

参加しなければならないこと

① **受け入れ教育（初めて当作業場で働くとき）**
　　仕事にかかる前に、係員と作業内容や現場内の危険個所、作業通路（昇降路等）、喫煙所・消火器の位置等の指示を受け、作業の打ち合わせをしましょう。
② **朝礼**
　　朝のあいさつをし、係員の注意事項を聞き、仕事にかかりましょう。
③ **ツール・ボックス・ミーティング（TBM）**
　　各職長を中心に当日の作業の指示、安全作業の打ち合わせ、自分の作業場所の安全確認をして下さい。
④ **一斉片付け　毎週（　）曜日**
⑤ **特別安全日（毎月1日・15日）**
　　安全についてもう一度考え、反省する日です。
⑥ **安全大会（毎月1回、1日）**

守らなければならないこと

① **健康や能力の伴わない人、作業に合った服装でない人は、現場へ入れません**
　　身体の具合の悪い人は、職長に申し出て下さい。
　　職長は各人の能力に合った作業をさせて下さい。
　　服装は常に清潔にし、作業に合ったものとし、裸作業はしないで下さい。
② **保護帽は必ずつけましょう**
　　いかなる場合も保護帽は正しくかぶり、あごひもをしめて下さい。
　　作業に必要な保護帽は必ずつけましょう。

③ **安全帯を着用し、使用しましょう**
　2m以上の高所で、作業床に囲い等を設けることが著しく困難な場所で作業を行うときは、安全帯を必ず使用して下さい。

④ **くわえ煙草で作業してはいけません**
　煙草は吸殻入れのあるところで吸いましょう。

⑤ **大小便は便器のある場所でして下さい**
　それ以外のところで大小便をしないで下さい。

⑥ **火気は指定の場所以外では使用しないで下さい**
　火気使用に当たっては、必ず事前に申し出て許可を受けて下さい。現場内に配置してある消火器は、絶対に無断で場所の移動を行わないで下さい。

⑦ **合図、誘導には必ず従って下さい**
　合図者、誘導者が行う合図は非常に重要ですので、合図については標準合図法に従って下さい。

⑧ **立入禁止区域に入らないようにしましょう**
　重機のつり荷の下には絶対に入らない。また、つり荷の付近には近寄らないようにしましょう。

⑨ **開口部の手すりやふた、足場のつなぎは勝手に外さないで下さい**
　作業によっては、一時的に安全設備を取り外して作業することがありますが、係員の指示を必ず受けて下さい。終了後は完全に元に戻して係員の承認を受けて下さい。

⑩ **整理・整頓・清掃・清潔（4S）を心がけましょう**
　整理・整頓は安全作業の基本です。材料は小口にそろえて正しく置き、小物類は袋や箱へ入れて整理して下さい。
　毎日、自分が仕事をしたまわりの後片付けをしましょう。

⑪ **安全指示には気持ちよく応じて下さい**
　あなた自身のためです。不安全行動や不安全設備の指摘を受けたら直ちに直しましょう。

⑫ **無資格作業を行わないで下さい**

⑬ **電気に気をつけましょう**
　取り扱い責任者以外、むやみに触れないようにして下さい。

⑭ **負傷の連絡は速やかに行いましょう**
　どんな小さな「けが」でも、必ず係員に報告し、指示を受けて下さい。

新規入場時教育（例）

⑮ 工事関係者以外の第三者に対しても迷惑をかけないように心がけましょう

⑯ **健康に気をつけましょう**
　健康診断は必ず受けましょう。飲み過ぎ、食べ過ぎに気をつけましょう。夜ふかしはやめ、十分に睡眠を取りましょう。

⑰ **建造物を愛護しましょう**
　できたものを汚したり、傷つけたりすることのないように、一人ひとりが気をつけて下さい。

⑱ ゴミの分別減量化に努力しましょう。特に生ゴミの搬入は絶対にしないで下さい（弁当等の残りは持ち帰って下さい）。

その他作業で特に注意しなければならないこと

⑲

⑳

㉑

誓　約　書

私は当作業所において、新規入場時教育の注意事項を遵守し、安全作業を行うことを誓います。

　　　　　　　　　　　　年　　月　　日

会社名（　　次）_____
現住所（連絡先）_____　　電話番号　（　　）
氏名　　　　　　㊞　生年月日　昭・平　　年　　月　　日　　歳　血液型

作業所のルール（例）

今日から当作業所に来られた皆さんへ

(1) 工事概要

作業所の名称	
規　　模	
施　　主	
工 事 期 間	

(2) 守ってもらわなければならない事柄

　無事故で工事を終わらせるためには、秩序と調和、そして各自の健康管理が大切な要素です。下記の事項は、必ず守って下さい。

《基本的事項》
① 健康状態の確認――同僚に迷惑をかけないように
② 作業に合った服装――ボタンは必ずかける。清潔な衣服を
③ 協調――お互い譲り合い、戒め合う
④ 朝礼、TBMへの参加――決められたことは守る
⑤ 始業点検（作業場でSC-5）――工具・遊具・足場の目視点検（そのつど、作業終了時も）
⑥ 作業箇所の整頓、作業後の後片付け――災害は作業中に起きる
⑦ 作業手順の厳守――手順の変更は、職長・係員と相談してから
⑧ 異常事態の対処――大声で同僚に知らせ、事務所に連絡し、処置する
⑨ 火気使用後の残火確認――火気使用後、2時間後に再度見回る
⑩ 安全帯の使用――2m以上にとらわれず、落ちるおそれのあるところ
⑪ 防じんマスク、防毒マスク、保護眼鏡の使用――健康保持のため
⑫ その他指示された事項――朝礼時の日替り禁止事項に注意

《禁止事項》
① 引火性のもの、爆発性のものの無届け持ち込みと使用
② 立入禁止、通行禁止場所及びつり荷の下への立ち入り
③ 無届け火気使用
④ 無届け持ち込み機械の使用
⑤ 指名者以外の機械、電気の取り扱い
⑥ 養生、設備の無断撤去
⑦ 不安全状態の放置
⑧ 作業通路の多目的使用
⑨ 脚立最上部での立ち上がり
⑩ 分電盤扉の放置
⑪ 指定場所以外での喫煙
⑫ 不潔行為（放唾、放尿）
⑬ うまの単独使用

危ないと思ったら直ちに作業中止！
危なくないようにしてから作業再開

様式例

新規入場者順守事項書

下記事項がこの作業所の工事概要とルールです。順守をお願いします。

1．この作業所について

工 事 名 称	
発 注 者	
用 途	
工 期	
概 要	

2．この作業所が安全衛生で目指すこと

安 全 衛 生 方 針	
ス ロ ー ガ ン	
安 全 衛 生 目 標	

3．この作業所の安全施工サイクル

作 業 時 間	基 本 就 業 時 間	： 〜 ：	
	残 業 可 能 時 間	夏季 ： 冬季 ：	

毎 日 の 行 事	： 〜 ：	朝礼	全員参加
	： 〜 ：	安全ミーティング・KYK	〃
	： 〜 ：	作業前点検・始業点検	〃
	： 〜 ：	安全巡視	統責者、元管者
	： 〜 ：	休憩（昼食）	
	： 〜 ：	安全工程打合せ	職長全員出席
	： 〜 ：	安全巡視	統責者：元管者
	： 〜 ：	片付け	
週間・月間行事	安 全 大 会	毎月　　　日	（全員参加）
	血 圧 測 定	入所時及び毎月　1回	（作業員全員）
	安全衛生協議会	毎月　−　第　　曜日	（職員、職長等）
	一 斉 清 掃	毎週　−　曜日　〜	（全員参加）

4．工事の現況と作業場内の危険個所、立入禁止区域

○別途、計画図により、現在の工事状況、危険個所、立入禁止区域を説明します。
○混在して作業をする、他の職種等との関係を別途、説明します。

5．避難の方法

○通常作業：避難経路、集合場所等は、別途、計画図により説明します。
○特殊作業（坑内、構内、圧気室等）：避難方法、避難器具の設置個所、警報・通話設備等の設置個所、合図の方法を、別途、計画図により説明します。

6．この作業所で守っていただくこと

❷ 安全衛生教育

作業者の安全作業の徹底と安全意識の高揚を図るため、安全衛生教育が必要である。教育は項目ごとに適切に実施しなければならない。

❶雇入時教育（安衛則35条）

- **日　時**　労働者を雇い入れたとき
- **場　所**　関係事業場
- **実施者**　労働者を雇い入れた事業者
- **内　容**

①機械等、原材料等の危険性または有害性及びこれらの取り扱い方法に関すること。

②安全装置、有害物抑制装置または保護具の性能及びこれらの取り扱い方法に関すること。

③作業手順に関すること。

④作業開始時の点検に関すること。

⑤当該業務に関して発生するおそれのある疾病の原因及び予防に関すること。

⑥整理、整頓及び清潔の保持に関すること。

⑦事故時等における応急措置及び退避に関すること。

⑧前各号に掲げるもののほか、当該事項に関する安全または衛生のために必要な事項。

❷職長教育（安衛法60条、安衛則40条）

- **日　時**　職長に任命したとき
- **場　所**　関係事業場等
- **実施者**　職長を雇い入れている事業者
- **内　容**

①作業手順の定め方
②労働者の適正な配置の方法
③指導及び教育の方法
④作業中における監督及び指示の方法
⑤危険性又は有害性等の調査の方法
⑥危険性又は有害性等の調査の結果に基づき講ずる措置
⑦設備、作業等の具体的な改善の方法
⑧異常時における措置
⑨災害発生時における措置
⑩作業設備及び作業場所の保守管理の方法
⑪労働災害防止についての関心の保持及び労働者の創意工夫を引き出す方法
⑫危険性又は有害性等の調査及びその結果に基づき講ずる措置に関すること
⑬異常時等における措置に関すること
⑭その他現場監督者として行うべき労働災害防止活動に関すること

❸特別教育（安衛則36条）

作業所において一定の業務につかせるときは、特別教育が必要である。

- **時　期**　一定の業務につかせる前
- **場　所**　関係事業場等
- **実施者**　関係労働者を使用する事業者

建設工事において特別教育を必要とする業務（代表的業務）

① クレーンの運転業務
　　つり上げ荷重が５トン未満のもの
② 移動式クレーンの運転業務
　　つり上げ荷重が１トン未満のもの
③ 建設用リフトの運転業務
④ 玉掛け業務
　　つり上げ荷重が１トン未満のクレーン、移動式クレーンでの業務
⑤ ゴンドラの操作の業務
⑥ 巻上げ機の運転業務
　　動力駆動の巻上げ機
⑦ 研削といし取替え、試運転の業務
　　研削といし取替え等
⑧ アーク溶接の業務
　　アーク溶接機を用いて行う金属の溶接、溶断等
⑨ 酸素欠乏危険場所業務
　　酸素欠乏危険場所におけるもの
⑩ 特定粉じん業務
　　粉じん則第２条第１項第３号の特定粉じん作業に係るもの
⑪ 車両系建設機械の運転業務
　　動力を用い、かつ不特定の場所に自走できるもの
　〈a〉整地・運搬・積込み用、掘削用、基礎工事用、解体用のもの（機体重量３トン未満のもの）
　〈b〉基礎工事用機械で、動力を用い、かつ、不特定の場所に自走できるもの以外のもの
　〈c〉基礎工事用機械で、動力を用い、かつ、不特定の場所に自走できるものの作業装置の操作（車体上の運転者席における操作を除く）
　〈d〉締固め用機械（ローラー）
　〈e〉コンクリート打設用機械の作業装置の操作
　〈f〉ボーリングマシン

⑫**高所作業車の運転業務**
　　作業床の高さ10m未満のもの
⑬**不整地運搬車の運転業務**
　　最大積載量が1トン未満のもの
⑭**フォークリフトの運転の業務**
　　最大重量1トン未満のもの
⑮**ショベルローダー、フォークローダーの運転業務**
　　最大重量1トン未満のもの
⑯**軌道装置の運転の業務**（巻上げ装置を除く）
⑰**電気取扱業務**（高圧、低圧のもの）
　　充電電路、その支持物の敷設、点検、修理、操作、充電部分が露出した開閉器の操作
⑱**ずい道等の掘削に係る業務**
　　ずい道等の掘削覆工事の作業
⑲**ジャッキ式つり上げ機械の調整・運転の業務**
⑳**石綿使用建築物等の解体等の業務**
㉑**除染等の業務**

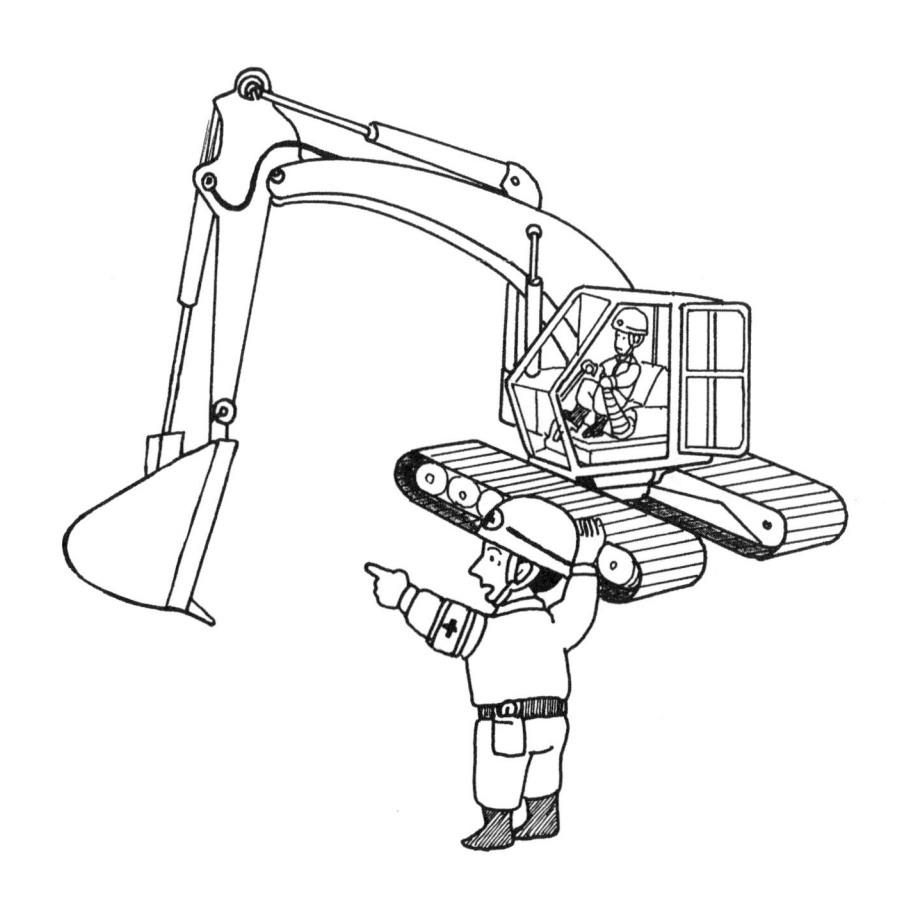

❹専門工事業者等の教育

朝礼、ＴＢＭ、工程打ち合わせ等を通じ、専門工事業者の安全衛生責任者、職長、作業主任者、作業指揮者、作業員に対し、それぞれの立場に応じ、安全衛生教育等を行う。

- **時　期**　機会をとらえて実施する
- **場　所**　関係事業場、作業場所等
- **実施者**　元請け事業者
　　　　　　専門工事業者
- **内　容**
  - ①安全衛生管理計画
  - ②安全衛生管理規程
  - ③指揮命令系統
  - ④作業指示
  - ⑤作業手順
  - ⑥作業開始前の機械、設備、工具等の点検方法
  - ⑦連絡、合図の方法
  - ⑧資格を必要とする作業
  - ⑨保護具の使用方法
  - ⑩墜落防止設備等
  - ⑪作業終了時の整理整頓
  - ⑫混在作業の災害防止
  - ⑬退避方法
  - ⑭その他必要な事項

3 健康管理

作業員の健康管理のためには、適切な健康診断の実施と事後措置、作業場所での作業環境管理、作業管理が必要である。

1 雇入時の健康診断（安衛則43条）

労働者を雇い入れたときは、健康診断が必要である。

- **時　期**　雇い入れたとき
- **場　所**　健康診断実施機関、病院
- **対象者**　雇い入れた労働者

健康診断項目

①既往歴及び業務歴の調査
②自覚症状及び他覚症状の有無の検査
③身長、体重、腹囲、視力及び聴力の検査
④胸部エックス線検査
⑤血圧の測定
⑥貧血検査（血色素量、赤血球数）
⑦肝機能検査（ＧＯＴ、ＧＰＴ、γ-ＧＴＰ）
⑧血中脂質検査（ＬＤＬコレステロール、ＨＤＬコレステロール、血清トリグリセライド）
⑨血糖検査（H_bA_{1c}でも可）
⑩尿検査（原中の糖及び蛋白の有無の検査）
⑪心電図検査

② 定期健康診断（安衛則43条）

1年以内ごとに1回、定期的に健康診断が必要である。健康診断の結果は受診者に知らせなければならない。また、有所見者は事後措置が必要である。

- **時　期**　定期的に1年以内ごと
- **場　所**　健康診断実施機関、病院
- **対象者**　常時使用する労働者

健康診断項目

健康診断項目	省略基準（医師の判断による）
○既往歴及び業務歴の調査 ○自覚症状及び他覚症状の有無の検査	
○身長、体重、腹囲、視力及び聴力※の検査	・身長　20歳以上 ・聴力　45歳未満（35歳・40歳を除く）は、下記※以外の方法で可 ・腹囲
○胸部エックス線検査及び喀痰検査	下記参照
○血圧の測定	
○貧血検査（赤血球数、血色素量） ○肝機能検査（GOT、GPT、γ-GTP） ○血中脂質検査（LDLコレステロール、HDLコレステロール、血清トリグリセライド） ○血糖検査（H_bA_{1C}でも可）	40歳未満（35歳を除く）
○尿検査（尿中の糖及び蛋白の有無の検査）	
○心電図検査	40歳未満（35歳を除く）

※聴力検査は、1,000Hzの30dB及び4,000Hzの40dBで純音を用いて、オージオメーターで検査する。

胸部エックス線検査と喀痰検査の省略基準

項目	省略することができる者
胸部エックス線検査	40歳未満の者（20歳、25歳、30歳及び35歳の者を除く）で、次のいずれかにも該当しないもの ①感染症の予防及び感染症の患者に対する医療に関する法律施行令第12条第1項第1号に掲げる者 ②じん肺法第8条第1項第1号または第3号に掲げる者
喀痰検査	①胸部エックス線検査によって病変の発見されない者 ②胸部エックス線検査によって結核発病のおそれがないと診断された者 ③胸部エックス線検査の項の下欄（編注：上の欄）に掲げる者

③ 有機溶剤健康診断（有機則29条）

有機溶剤作業従事労働者には、雇入れの際、当該業務への配置替えの際及びその後6カ月以内ごとに1回、定期に、健康診断が必要である。

時　期　雇入時、配置替え時、その後6カ月以内ごとに1回
場　所　健康診断実施機関、病院
対象者　有機溶剤業務に常時従事する労働者
健康診断項目

〈有機溶剤の種類にかかわらず、共通して行う項目〉
①業務の経歴の調査
② a　有機溶剤による健康障害の既往歴の調査
　 b　有機溶剤による自覚症状及び他覚症状の既往歴の調査
　 c　尿中の有機溶剤の代謝物の量の検査についての既往の検査結果の調査
　 d　腎機能に関する検査、貧血に関する検査、肝機能に関する検査、眼底検査及び神経内科学的検査についての既往の異常所見の有無の検査
③自覚症状または他覚症状と通常認められる症状の有無の検査（下欄1～22）
④尿中の蛋白の有無の検査

〈有機溶剤の種類に対応して行う項目〉
⑤尿中の有機溶剤の代謝物の量の検査
⑥貧血検査（血色素量、赤血球数）
⑦肝機能検査（ＧＯＴ、ＧＰＴ、γ-ＧＴＰ）
⑧眼底検査

〈医師が必要と認めた場合に行う項目〉
⑨作業条件の調査
⑩貧血検査
⑪肝機能検査
⑫腎機能検査
⑬神経内科学的検査

なお、有機溶剤による自覚症状または他覚症状については、医師が次の項目をチェックしなければならない。

1．頭重　2．頭痛　3．めまい　4．悪心　5．嘔吐　6．食欲不振　7．腹痛　8．体重減少　9．心悸亢進　10．不眠　11．不安　12．焦燥感　13．集中力の低下　14．振戦　15．上気道又は眼の刺激症状　16．皮膚又は粘膜の異常　17．四肢末端部の疼痛　18．知覚異常　19．握力減退　20．膝蓋腱・アキレス腱反射異常　21．視力低下　22．その他
---

4 その他の法定実施事項

1 掲示・表示

次の事項については関係者に周知するため、見やすい個所に掲示・表示をしなければならない。

①重量トン	安衛法35条	一の貨物で重量が1トン以上のもの
②有害物	安衛法57条 安衛則31条	容器内のものの名称、成分等
③作業主任者	安衛則18条	氏名、行わせる事項
④運転停止	安衛則107条	機械のそうじ、給油、検査、修理のために運転を停止したとき
⑤信号装置	安衛則219条	軌道装置に信号装置を設置したとき
⑥火気使用禁止	安衛則288条	火災、爆発の危険がある場所での火気使用禁止
⑦通電禁止	安衛則339条	停電作業中の開閉器の通電禁止
⑧接近限界距離	安衛則345条	特別高圧活線近接作業での接近限界距離
⑨安全通路	安衛則540条	作業場に通ずる場所、作業場内主要通路
⑩避難用出入り口	安衛則549条	常時使用しない避難用出入り口、通路、避難用具
⑪最大積載荷量	安衛法562条、 安衛則575条の4	足場作業床、作業構台の最大積載荷重
⑫事故現場	安衛則640条	有機溶剤等の事故現場等があるとき
⑬有機溶剤業務	有機則24条、25条	人体に及ぼす影響、取り扱い上の注意、応急措置、有機溶剤区分
⑭酸素欠乏危険作業場所	酸欠則9条、14条 安衛則640条1項4号	酸素欠乏危険場所への立入禁止 酸素欠乏のおそれが生じたときの立入禁止 硫化水素中毒にかかるおそれのある場所への立入禁止
⑮ガス溶接作業	安衛則262条	バルブ、コックの誤操作防止表示
⑯ガス容器	安衛則263条	ガス容器の使用前、使用中、使用済みの区別

4 その他の法定実施事項

⑰名称、成分等	安衛法57条、安衛則31条	ベンゼン等有害物成分含有量等を容器等に表示
⑱運転禁止	クレーン則30条の2	天井クレーン等の点検等作業時
⑲みだりに作動禁止	酸欠則19条	地下室等通風不十分な場所に備える消化器、消化設備で炭酸ガスを使用するもの
⑳石綿取扱い業務	石綿則3条	調査の修了年月日、調査方法の概要、調査結果の掲示
	石綿則34条	取扱いの上の注意事項等
㉑除染等の業務	除染電離則13条	除去土壌又は汚染廃棄物収集の容器の表示、除去土壌又は汚染廃棄物の保管の表示

② 合図

次の事項については労働災害の防止を図るため、作業所ごとに一定の合図を定め、合図者に合図をさせなければならない。関係者もその合図に従わなければならない。

①機械の運転	安衛則104条	○運転開始の合図
②車両系建設機械の運転で誘導者を置くとき	安衛則159条	誘導の合図
③掘削用車両系建設機械を使用した用途外での荷のつり上げ作業	安衛則164条	○作業の合図
④くい打機、くい抜機、ボーリングマシンの運転	安衛則189条	○運転の合図
⑤軌道装置	安衛則220条	運転の合図
⑥コンクリートポンプ車の作業装置の操作者とホースの先端部保持者との連絡	安衛則171条の2	○連絡の合図
⑦高所作業車で作業床以外の箇所で作業床を操作するとき、作業床上の者と操作者との連絡	安衛則194条の12	連絡の合図
⑧高所作業車を走行させる場合	安衛則194条の20	走行の合図
⑨クレーンの運転	クレーン則25条	○運転の合図
⑩移動式クレーンの運転	クレーン則71条	○運転の合図
⑪建設用リフトの運転	クレーン則185条	○運転の合図
⑫ゴンドラ	ゴンドラ則16条	○操作の合図
⑬高さ5m以上のコンクリート造の工作物解体、破壊の作業	安衛則517条の16	連絡の合図
⑭軌道装置	安衛則207条	信号装置
⑮動力車	安衛則209条	警鈴等の措置
⑯常時50人以上就業する屋内作業場	安衛則548条	警報用設備、器具
⑰道路と軌道通路と交わる軌道	安衛則550条	警鈴等の措置

（注）○印は合図者を指名することが必要

③ 立入禁止措置等

次の機械等を使用して作業する場合は当該機械等の接触による危険防止を図るため、立入禁止措置等を講じなければならない。

①不整地運搬車	安衛則151条の48	一の荷で100kg以上のものを不整地運搬機械に積卸しをする作業箇所	関係者以外立入禁止
②構内運搬車	安衛則151条の62	一の荷で100kg以上のものを構内運搬車に積卸しをする作業箇所	関係者以外立入禁止
③貨物自動車	安衛則151条の70	一の荷で100kg以上のものを貨物自動車に積卸しをする作業箇所	関係者以外立入禁止
④車両系荷役運搬機械	安衛則151条の9	フォーク、ショベル、アーム等及びこれらにより支持されている荷の下	立入禁止
⑤車両系建設機械	安衛則158条 安衛則164条	運転中接触の危険がある箇所 主たる用途以外で荷のつり上げを行う場合、荷との接触、荷の落下、機械の転倒、転落の危険のある場合	立入禁止 立入禁止
⑥コンクリートポンプ車	安衛則171条の2	コンクリート等の吹出し箇所	立入禁止
⑦解体用車両系建設機械	安衛則171条の4	作業を行う区域内	関係者以外立入禁止
⑧ボーリングマシン	安衛則180条	狭あいな場所での使用で巻上げ用ワイヤロープの切断による危険が生ずるおそれのある区域	立入禁止
⑨くい打機、くい抜機、ボーリングマシン	安衛則187条	くい打機、くい抜機、ボーリングマシンの巻上げ用ワイヤーロープ屈曲部の内側	立入禁止
⑩軌道装置	安衛則224条	ずい道等の内部で動力車による後押し運転区間	立入禁止
⑪型わく支保工	安衛則245条	組立て、解体の作業区域	関係者以外立入禁止
⑫危険物の取扱い	安衛則288条	火災、爆発の危険がある箇所	不必要者立入禁止

⑬アセチレン溶接装置	安衛則312条	発生器室	係員以外立入禁止と表示
⑭ガス溶接装置	安衛則313条	装置室	係員以外立入禁止と表示
⑮電気取扱業務	安衛則329条	配電盤室、変電室等区画された場所	電気取扱者以外立入禁止
⑯明り掘削	安衛則361条	地山の崩壊、土石の落下のおそれのあるとき	土止め支保工の設置 防護網の設置 立入禁止等
⑰ずい道掘削	安衛則386条	浮石落し箇所及びその下方	関係者以外立入禁止
⑱ずい道支保工	安衛則386条	補強・補修作業箇所の危険箇所	関係者以外立入禁止
⑲ずい道内	安衛則389条の8	可燃性ガス濃度が爆発下限値の30％未満確認まで	関係者以外立入禁止
⑳土止め支保工	安衛則372条	切りばり、腹おこしの取付け、取りはずし作業箇所	関係者以外立入禁止
㉑貨物取扱い作業	安衛則420条	一の荷で100kg以上のものを貨車に積み卸す作業箇所	関係者以外立入禁止
㉒はい付け、はいくずし作業	安衛則433条	はいの崩壊、荷の落下の危険箇所	関係者以外立入禁止
㉓建築物等の鉄骨の組立て等	安衛則517条の3	作業区域内	関係者以外立入禁止
㉔鋼橋の架設等	安衛則517条の7	作業区域内	関係者以外立入禁止
㉕木造建築物の組立て等	安衛則517条の11	作業区域内	関係者以外立入禁止
㉖コンクリート造の工作物の解体等	安衛則517条の15	作業区域内	関係者以外立入禁止
㉗コンクリート橋の架設等	安衛則517条の21	作業区域内	関係者以外立入禁止
㉘墜落	安衛則530条	墜落の危険のある箇所	関係者以外立入禁止
㉙物体の落下	安衛則537条	落下の危険のある箇所	防網の設置 立入禁止
㉚足場の組立て等	安衛則564条	作業区域内	関係者以外立入禁止
㉛有害作業	安衛則585条	炭酸ガス濃度が1.5％をこえる場所、酸素欠乏危険場所、硫化水素中毒危険場所	関係者以外立入禁止と表示

㉜クレーン	クレーン則29条	荷の下	立入禁止
	クレーン則33条	組立て、解体の作業区域	関係者以外立入禁止と表示
㉝移動式クレーン	クレーン則74条	上部旋回体と接触するおそれのある箇所	立入禁止
	クレーン則74条の2	荷の下	立入禁止
	クレーン則75条の2	ジブの組立て、解体の作業区域	関係者以外立入禁止と表示
㉞エレベーター（屋外設置のもの）	クレーン則153条	昇降路塔またはガイドレール支持塔の組立て、解体の作業区域	関係者以外立入禁止
㉟建設用リフト	クレーン則187条	搬器の昇降によって危険のある箇所	立入禁止
		巻上げ用ワイヤロープの内角側	立入禁止
	クレーン則191条	組立て、解体の作業区域	関係者以外立入禁止と表示
㊱ゴンドラ	ゴンドラ則18条	作業箇所区域	関係者以外立入禁止
㊲酸素欠乏危険場所	酸欠則9条	危険場所、隣接場所の作業	関係者以外立入禁止と表示
	酸欠則14条2項	酸素欠乏等のおそれが生じないことを確認するまでの間	指名者以外立入禁止と表示
㊳有機溶剤業務	有機則27条2項	事故現場	立入禁止
㊴作業構台	安衛則575条の7	組立て、解体の作業区域	関係者以外立入禁止
㊵石綿取扱い業務	石綿則7条	石綿等使用保湿材、耐火被覆材等除去等の作業場所	関係者以外立入禁止と表示
	石綿則15条	石綿取扱い又は試験研究のため製造する作業場所	関係者以外立入禁止と表示
㊶除染等の業務	除染電離則9条	作業区域	
	除染電離則13条第4項	除去土壌又は汚染廃棄物の保管場所	関係者以外立入禁止

❹ 作業指揮者の選任

次の機械等を使用して作業する場合は作業指揮者を選任し、当該作業について指揮をさせなければならない。

①車両系荷役運搬機械	安衛則151条の4	作業計画の作業	
	安衛則151条の15	修理、アタッチメントの装着、取りはずし作業	
②不整地運搬車	安衛則151条の48	一の荷で100kg以上のものを積卸しする作業	
③構内運搬車	安衛則151条の62	一の荷で100kg以上のものを積卸しする作業	
④貨物自動車	安衛則151条の70	一の荷で100kg以上のものを積卸しする作業	
⑤車両系建設機械等	安衛則165条	修理、アタッチメントの装着、取りはずし作業	
⑥コンクリートポンプ車	安衛則171条の3	輸送管等の組立て、解体の作業	
⑦くい打機、くい抜機、ボーリングマシン	安衛則190条	組立て、解体、変更、移動の作業	
⑧高所作業車	安衛則194条の10、194条の18	作業 修理、作業床の装着、取りはずし作業	
⑨危険物	安衛則257条、389条の3	製造、取り扱う作業	
⑩電気工事	安衛則350条	停電作業、高圧・特別高圧の電路の活線作業・活線近接作業	
⑪ガス導管	安衛則362条	つり防護、受け防護の作業	
⑫ずい道内ガス溶接等	安衛則389条の3	可燃性ガス、酸素を用いて行う金属の溶接・溶断・加熱作業	
⑬貨車の荷	安衛則420条	一の荷で100kg以上のものを積卸しする作業	
⑭墜落防止	安衛則529条	建築物、足場等の組立て、解体、変更の作業	
⑮天井クレーン	クレーン則30条の2	天井クレーン等に近接する建物、機械、設備等の点検、補修、塗装等の作業	
⑯クレーン	クレーン則33条	組立て、解体作業	
⑰移動式クレーン	クレーン則75条の2	ジブの組立て、解体作業	
⑱エレベーター	クレーン則153条	屋外に設置するエレベーターの昇降路塔、ガイドレール支持塔の組立て、解体作業	
⑲建設用リフト	クレーン則191条	組立て、解体作業	
⑳除染等業務	除染則9条	除染等作業	

5 監視人・誘導者の配置

次の作業を行うときは、労働災害防止を図るため、監視人または誘導者を配置しなければならない。

①車両系荷役運搬機械等作業	安衛則151条の6	転倒、転落防止	誘導者
	安衛則151条の7	当該機械等、荷の接触防止	
②車両系建設機械作業	安衛則157条	転倒、転落防止	誘導者
	安衛則158条	接触防止	
③高所作業車作業	安衛則194条の20	作業床への搭乗走行	誘導者
④動力車作業	安衛則224条	後押し運転業務	誘導者
⑤停電作業	安衛則339条	電路を開路しての業務	監視人
⑥特別高圧活線近接作業	安衛則345条	電路、支持物の点検等の業務	監視人
⑦架空電線、電気機械器具の充電電路近接作業	安衛則349条	工作物の建設、修理等の業務	監視人
⑧明り掘削における運搬機械等作業	安衛則365条	作業箇所に後進して接近するとき、転落するおそれのあるとき	誘導者
⑨運搬機械等作業	安衛則388条	後進、接近するおそれのあるとき	誘導者
⑩物体の投下作業	安衛則536条	3m以上の高所からの物体投下	監視人
⑪軌道作業	安衛則550条	道路と交わる軌道場所	監視人
⑫軌道内等作業	安衛則554条	軌道上、軌道近接場所	監視人
⑬並置クレーン作業	クレーン則30条	並置クレーンの修理、調整、点検等の作業又は労働者との接触防止	監視人
⑭酸素欠乏危険作業	酸欠則13条	酸素欠乏危険場所	監視人

6 周知

次の事項は、労働災害防止のため、関係者に周知をしなければならない。

①軌道装置	安衛則219条 安衛則220条 安衛則223条	信号装置の表示方法 運転合図 とう乗制限
②ずい道等	安衛則388条 安衛則389条の5 安衛則389条の9 安衛則389条の10	運搬機械等運行経路、土石の積卸し場所出入り方法 消化設備の設置場所、使用方法 警報設備、通話装置の設置場所 避難用具の備付け場所、使用方法
③足場	安衛則562条、655条	作業床の最大積載量
④つり足場、張出し足場、高さ5m以上の足場	安衛則564条	組立て、解体、変更の時期、範囲、順序
⑤くい打機、くい抜機、ボーリングマシン	安衛則190条	組立て、解体、移動の作業手法、手順
⑥明り掘削	安衛則364条	掘削機械等の運行経路、土石の積卸し場所への出入り方法
⑦車両系荷役運搬機械	安衛則151条の3	作業計画
⑧車両系建設機械	安衛則155条	作業計画
⑨建設工事で、ジャッキ式つり上げ機械を用いて荷のつり上げ、つり下げを行う作業	安衛則194条の5	作業計画
⑩高所作業車	安衛則194条の9	作業計画
⑪電気工事	安衛則350条	作業期間、内容、取り扱う電路、近接する電路の系統
⑫鉄骨組立て等	安衛則517条の2	作業計画
⑬鋼橋架設等の作業	安衛則517条の6	作業計画
⑭コンクリート造の工作物の解体等の作業	安衛則517条の14	作業計画
⑮コンクリート橋架設等の作業	安衛則517条の20	作業計画

⑯作業構台	安衛則575条の4	最大積載荷重	
	安衛則575条の7	組立て、解体等の時期、範囲、順序	
⑰移動式クレーンの作業方法等	クレーン則66条の2	作業方法、転倒防止装置、労働者の配置、指揮系統	
⑱エレベーター運転方法等	クレーン則151条	運転の方法、故障した場合の措置	
⑲クレーン、移動式クレーン、建設用リフト	安衛則639条	運転合図	
⑳有機溶剤等	安衛則641条	容器の集積箇所の統一	
㉑有機溶剤業務	有機則24条、25条	人体に及ぼす影響、取扱い上の注意事項、中毒発生時の応急措置、有機溶剤等の区分	
㉒事故現場等	安衛則640条	有機溶剤事故現場、酸素欠乏危険場所の標識の統一	
㉓火災、土砂崩壊、出水、なだれ	安衛則642条	警報の統一	
㉔ずい道等建設作業の避難等	安衛則642条の2	避難等の訓練の実施方法と統一	
㉕特定元方事業者の労働者及び関係請負人の労働者の作業が、右記の作業と同一の場所で行われるとき	石綿則7条	壁、柱、天井等に石綿等が使用されている保湿材、耐火被覆材等が張り付けられた建築物等の解体等の作業における当該耐火材、被覆材等を除去する作業 石綿等の囲い込みの作業	
㉖石綿等による労働者の健康障害を防止するため定めた作業計画	石綿則4条	作業方法及び順序、石綿等の粉じんの発散の防止又は抑制方法、作業者への石綿等の粉じんばく露防止方法	
㉗安衛法及びこれに基づく命令の要旨	安衛則101条第1項 安衛則23条第3項	安衛法及びこれに基づく命令の要旨	
㉘名称等を通知すべき危険物及び有害物	安衛法101条第2項 施行令18条の2 別表第9 安衛則34条の2の4 安衛則98条の2第2項	安衛法57条の2第1項又は第2項の規定により通知された事項	
㉙安全衛生推進者 衛生推進者	安衛法12条の2 安衛則12条の4	氏名	
㉚作業主任者	安衛法14条 安衛則18条	氏名、行わせる教育	
㉛安全委員会 衛生委員会 安全衛生委員会	安衛法17～19条 安衛則23条	委員会における議事の概要	

7 保護具の着用

作業の内容により保護具の着用が必要である。次の作業では保護具を必ず着用させなければならない。

①保護帽	安衛則366条	＜a＞明り掘削の作業
	安衛則151条の52	＜b＞最大積載量が５トン以上の不整地運搬車の荷の積卸し作業
	安衛則151条の74	＜c＞最大積載量が５トン以上の貨物自動車の荷の積卸し作業
	安衛則194条の7	＜d＞ジャッキ式つり上げ機械の荷のつり上げ、つり下げ等の作業
	安衛則435条	＜e＞作業箇所の高さが床面から２ｍ以上のはい作業
	安衛則517条の10	＜f＞高さ５ｍ以上、橋梁支間30ｍ以上の橋梁の架設、解体、変更作業
	安衛則517条の19	＜g＞高さ５ｍ以上のコンクリート造の工作物の解体、破壊作業
	安衛則517条の24	＜h＞高さ５ｍ以上、橋梁支間30ｍ以上のコンクリート造の橋梁の架設、解体、変更の作業
	安衛則539条	＜g＞高層建築場等で物体の飛来、落下の危険のあるとき
②安全帯	安衛則518条、519条、520条、521条	＜a＞高さ２ｍ以上の高所作業で墜落の危険のあるとき
	安衛則564条	＜b＞足場材の緊結、取りはずし、受渡し等の作業
	安衛則194条の22	＜c＞高所作業車の作業床上での作業
	クレーン則27条、クレーン則73条	＜d＞クレーン、移動式クレーンのとう乗設備に労働者を乗せる場合
	ゴンドラ則17条	＜e＞ゴンドラの作業床での作業
	酸欠則6条	＜f＞酸素欠乏危険作業
③作業帽、作業服	安衛則110条	動力による機械の作業中
④安全靴等	安衛則558条	通路等の構造又は作業の状態に応じて定める
⑤保護眼鏡、保護手袋	安衛則313条	ガス溶接装置による金属の溶接、溶断、加熱
⑥しゃ光保護具	安衛則325条	アーク溶接その他強烈な光線による危険場所
⑦絶縁用保護具	安衛則341～343条、346～348条	高圧・特別高圧・低圧活線作業・近接作業

⑧保護衣、保護眼鏡、呼吸用保護具等	安衛則593条、597条	有害業務
⑨不浸透性の保護衣、保護手袋、履物等	安衛則594条、597条	皮膚に障害を与える物の取扱い
⑩耳栓	安衛則595条	強烈な騒音を発する場所の作業
⑪空気呼吸器、酸素呼吸器、送気マスク	酸欠則5条の2	酸素欠乏危険作業
⑫送気マスク、有機ガス用防毒マスク	有機則32〜34条	有機溶剤業務
⑬呼吸用保護具	粉じん則27条、じん肺法5条	鉱物、金属等の研ま作業等
⑭呼吸用保護具、保護衣	特化則43〜45条	特定化学物質取扱い業務
⑮呼吸用保護具、作業衣、保護衣	石綿則44〜46条	石綿等取扱い業務

8 保護具の使用状況の監視

次の作業は、作業主任者または作業指揮者により保護具の使用状況を監視させなければならない。

①一の荷の重量が100kg以上のものを不整地運搬車に積む作業、卸す作業	安衛則151条の48	◎作業指揮者	保護帽の使用状況
②型わく支保工の組立て、解体作業	安衛則247条	●作業主任者	保護帽、安全帯の使用状況
③ガス集合溶接装置による金属の溶接、溶断、加熱の作業	安衛則316条	●作業主任者	保護眼鏡、保護手袋の使用状況
④地山の掘削の作業	安衛則360条	●作業主任者	安全帯、保護帽の使用状況
⑤土止め支保工の作業	安衛則375条	●作業主任者	安全帯、保護帽の使用状況
⑥ずい道等の掘削等の作業	安衛則383条の3	●作業主任者	安全帯、保護帽の使用状況
⑦ずい道等の覆工の作業	安衛則383条の5	●作業主任者	安全帯、保護帽の使用状況
⑧高さ2m以上のはい作業	安衛則429条	●作業主任者	昇降設備、保護帽の使用状況
⑨高さ5m以上の建築物の鉄骨の組立て作業	安衛則517条の5	●作業主任者	安全帯、保護帽の使用状況
⑩鋼橋架設等作業（高さ5m以上または支間30m以上の作業）	安衛則517条の9	●作業主任者	安全帯、保護帽の使用状況
⑪軒の高さが5m以上の木造建築物の組立て等の作業	安衛則517条の13	●作業主任者	安全帯、保護帽の使用状況
⑫コンクリート造の工作物の解体等作業（高さ5m以上）	安衛則517条の18	●作業主任者	安全帯、保護帽の使用状況
⑬コンクリート橋架設等の作業（高さ5m以上または支間30m以上の作業）	安衛則517条の23	●作業主任者	安全帯、保護帽の使用状況
⑭足場の組立て等の作業	安衛則566条	●作業主任者	安全帯、保護帽の使用状況

⑮クレーン、屋外設置のエレベーターの昇降路塔、ガードレール支持塔、建設用リフトの組立て等の作業	クレーン則33条、153条、191条	●作業主任者	安全帯、保護帽の使用状況
⑯有機溶剤取扱い業務	有機則19条の2	●作業主任者	保護具の使用状況
⑰特定化学物質等取扱い業務	特化則28条	●作業主任者	保護具の使用状況
⑱酸素欠乏危険作業	酸欠則11条	●作業主任者	空気呼吸器、酸素呼吸器、送気マスクの使用状況
⑲石綿等取扱い作業	石綿則10条、14条、20条、44条	●作業主任者	呼吸用保護具、作業衣、保護衣の使用状況

9 悪天候

悪天候とは、次のように示されている。

①強　風	10分間の平均風速が毎秒10m以上の風
②大　雨	1回の降雨量が50mm以上の降雨
③大　雪	1回の降雪量が25cm以上の降雪
④中震以上の地震 　　（S34.2.18　基発第101号、 　　　S46.4.15　基発第309号）	震度4以上の地震
⑤暴　風 　　（クレーン則37条、194条） 　　（クレーン則189条）	瞬間風速が毎秒30mを超える風 瞬間風速が毎秒35mを超える風

⑩ 悪天候による作業禁止・点検

次の作業は悪天候時には行ってはならない。または点検実施後でなければ行ってはならない。

①型わく支保工の組立て等の作業	安衛則245条	強風、大雨、大雪	
②明り掘削	安衛則358条	大雨の後、中震以上の地震の後	点検
③土止め支保工	安衛則373条	中震以上の地震の後、大雨の後、水道管の破損による水の流入の後 (設備後7日をこえない期間ごと)	点検
④ずい道等の建設の作業	安衛則382条	中震以上の地震の後	点検
⑤ずい道支保工	安衛則396条	中震以上の地震の後	点検
⑥鉄骨の組立て等の作業	安衛則517条の3	強風、大雨、大雪	
⑦鋼橋架設等の作業	安衛則517条の7	強風、大雨、大雪	
⑧木造建築物の組立て等の作業	安衛則517条の11	強風、大雨、大雪	
⑨コンクリート造の工作物の解体等の作業	安衛則517条の15	強風、大雨、大雪	
⑩コンクリート橋架設等の作業	安衛則517条の21	強風、大雨、大雪	
⑪高さ2m以上の箇所での作業	安衛則522条	強風、大雨、大雪	
⑫足場の組立て等の作業	安衛則564条	強風、大雨、大雪	
⑬足場	安衛則567条、655条	強風、大雨、大雪、中震以上の地震の後	点検
⑭作業構台の組立て等の作業	安衛則575条の7	強風、大雨、大雪	
⑮作業構台	安衛則575条の8、655条の2	強風、大雨、大雪、中震以上の地震の後	点検
⑯クレーン作業 　(組立て等の作業)	クレーン則31条の2 33条	強風 強風、大雨、大雪	
⑰屋外のクレーンの点検	クレーン則37条	暴風(瞬間風速毎秒30mをこえる風)の後、中震以上の地震の後	点検

⑱屋外のクレーンの倒壊防止措置	クレーン則152条	暴風（瞬間風速毎秒35mをこえる風）の後、中震以上の地震の後	
⑲移動式クレーンの作業	クレーン則74条の3	強風	
（ジブの位置固定等）	74条の4	強風	点検
（ジブの組立て、解体）	75条の2	強風、大雨、大雪	
⑳屋外のエレベーターの組立て、解体作業	クレーン則153条	強風、大雨、大雪	
㉑屋外設置エレベーター	クレーン則156条	暴風（瞬間風速毎秒30mをこえる風）の後、中震以上の地震の後	点検
㉒建設用リフトの倒壊防止措置	クレーン則189条	暴風（瞬間風速毎秒35mをこえる風のおそれのあるとき）	
㉓建設用リフトの組立て等の作業	クレーン則191条	強風、大雨、大雪	
㉔建設用リフト	クレーン則194条	暴風（瞬間風速毎秒30mをこえる風）の後、中震以上の地震の後	点検
㉕ゴンドラ	ゴンドラ則19条	強風、大雨、大雪	
	22条	強風、大雨、大雪	点検
㉖ジャッキ式つり上げ機械	安衛則194条の6	強風、大雨、大雪	

11 有資格者の配置

次の業務は免許あるいは技能講習の資格が必要である。当該業務につかせる前に必ず確認しなければならない。

業務	根拠条文	資格
①クレーンの運転業務 <a>つり上げ荷重が5トン以上のもの	クレーン則22条	クレーン運転士免許
<b>つり上げ荷重が5トン以上の床上で運転し、かつ床の移動とともに移動する方式のもの		クレーン運転士免許技能講習修了者
②移動式クレーンの運転業務 <a>つり上げ荷重が1トン以上のもの	クレーン則68条	移動式クレーン運転士免許
<b>つり上げ荷重が1トン以上5トン未満のもの		移動式クレーン運転士免許技能講習修了者
③玉掛け業務 つり上げ荷重が1トン以上のクレーン、移動式クレーンの玉掛け	クレーン則221条	技能講習修了者
④ガス溶接業務 可燃性ガス、酸素を用いて行う金属の溶接、溶断、加熱の業務	施行令20条10号	技能講習修了者
⑤車両系建設機械の運転業務 動力を用い、かつ不特定の場所に自走できるものの運転の業務 整地・運搬・積込み用、掘削用、基礎工事用、解体用機械（機体重量3トン以上のもの）	施行令20条12号	技能講習修了者
⑥高所作業車 （作業床の高さが10m以上のもの）	施行令20条15号	技能講習修了者
⑦車両系荷役運搬機械の運転業務 フォークリフト（最大荷重1トン以上） ショベルローダー、フォークローダー（最大荷重1トン以上） 不整地運搬車（最大積載重量1トン以上）	施行令20条11号 施行令20条13号 施行令20条14号	技能講習修了者
⑧潜水業務 （潜水器具を用いる業務）	施行令20条9号、高圧則12条	潜水士免許

12 作業主任者の選任

次の作業を行う場合は作業主任者を選任し、作業の指揮等を行わせなければならない。

①高圧室内作業 圧気工法により行うもの	高圧則10条	免許者
②コンクリート破砕作業 コンクリート破砕器を使用するもの	安衛則321条の3、321条の4	技能講習修了者
③地山の掘削作業 掘削面の高さが2m以上となるもの	安衛則359条、360条	技能講習修了者
④土止め支保工の取付け等の作業 土止め支保工の切りばり、腹おこしの取付け、取りはずし	安衛則374条、375条	技能講習修了者
⑤ずい道等の掘削等の作業 ずい道等の掘削、ずり積み、支保工の組立て、ロックボルトの取付け、吹付け	安衛則383条の2、383条の3	技能講習修了者
⑥ずい道等の覆工等の作業 ずい道型わく支保工の組立て、移動、解体	安衛則383条の4、383条の5	技能講習修了者
⑦はいのはい付け、はいくずし作業 高さ2m以上のはい付け、はいくずし	安衛則428条、429条	技能講習修了者
⑧型わく支保工の組立て等作業 型わく支保工の組立て、解体	安衛則246条、247条	技能講習修了者
⑨金属の溶接、溶断、加熱作業 アセチレン溶接装置又はガス集合溶接装置を用いて行う金属の溶接、溶断、加熱作業	安衛則314〜316条	免許者
⑩足場の組立て等作業 つり足場、張出し足場、高さが5m以上の構造の足場の組立て、解体、変更	安衛則565条、566条	技能講習修了者
⑪建築物等の鉄骨の組立て等作業 建築物の骨組み、塔で、金属製の部材により構成され、その高さが5m以上であるもの等の組立て、解体、変更	安衛則517条の4、517条の5	技能講習修了者
⑫橋梁上部構造体の架設、解体、変更作業 高さ5m以上、支間30m以上の金属製のもので構成されるもの	安衛則517条の8、517条の9	技能講習修了者

⑬**木造建築物の組立て等作業** 軒高5m以上の木造建築物の構造部材の組立て、屋根下地、外壁下地の取付け	安衛則517条の12、517条の13	技能講習修了者
⑭**コンクリート造の工作物の解体、破壊作業**	安衛則517条の17、517条の18	技能講習修了者
⑮**橋梁上部構造体の架設、変更の作業** 高さ5m以上、支間30m以上のコンクリート造のもの	安衛則517条の22、517条の23	技能講習修了者
⑯**特定化学物質等取扱い等の作業** 特定化学物質等の取扱い等	特化則27条、28条	技能講習修了者
⑰**酸素欠乏危険場所作業** 酸素欠乏危険場所によるもの	酸欠則11条	技能講習修了者
⑱**有機溶剤の取扱い等作業** 屋内作業場、タンク等での有機溶剤の取扱い	有機則19条、19条の2	技能講習修了者
⑲**石綿等取扱い作業** 石綿等を取り扱う作業（試験研究のため取り扱う作業を除く。）又は石綿等を試験研究のため製造する作業	石綿則19条、20条	技能講習修了者

13 女性の就業制限

妊娠中の女性、産後1年を経過しない女性は次に掲げる業務につかせることはできない。

①重量物の取扱い業務	女性則2条1項1号	次の表の重量以上の重量物を取り扱う業務
		<table><tr><td rowspan="2">年　齢</td><td colspan="2">重量（単位　キログラム）</td></tr><tr><td>断続作業の場合</td><td>継続作業の場合</td></tr><tr><td>満16歳未満</td><td>12</td><td>8</td></tr><tr><td>満16歳以上 満18歳未満</td><td>25</td><td>15</td></tr><tr><td>満18歳以上</td><td>30</td><td>20</td></tr></table>
②クレーン等の運転業務	女性則2条1項4号	つり上げ荷重が5トン以上のもの
③運転中の原動機等の業務	女性則2条1項5号	原動機、動力伝導装置の掃除、給油、検査、修理等の業務
④玉掛けの業務	女性則2条1項6号	クレーンによる玉掛けの業務
⑤土木建築用機械運転業務	女性則2条1項7号	動力により駆動されるもの
⑥丸のこ盤の業務	女性則2条1項8号	直径25cm以上のもの
⑦軌道車両業務	女性則2条1項9号	操作場構内の入換え、連結、解放
⑧危険な場所の業務	女性則2条1項13号	土砂が崩壊するおそれのある場所
	女性則2条1項13号	深さ5m以上の地穴における場所
	女性則2条1項14号	高さ5m以上の場所で墜落により危害を受けるおそれのあるところ
⑨足場の業務	女性則2条1項15号	組立て、解体、変更の業務
⑩立木の伐採の業務	女性則2条1項16号	胸高直径が35cm以上のもの
⑪有害物を発散する場所での業務	女性則2条1項18号	「第3管理区分」となった屋内作業場での業務及びタンク内、船倉内での業務など、呼吸用保護具の着用が義務づけられている業務
⑫異常気圧下の業務	女性則2条1項23号	異常気圧下
⑬振動業務	女性則2条1項24号	さく岩機、鋲打機等振動機械器具

◎数字は、産後1年を経過しない女性が当該業務に従事しない旨を申し出た場合に限る。（女性則2条2項）

14 年少者の就業制限

満18歳に満たない者は、次に掲げる業務につかせることはできない。

①重量物の取扱い業務	年少則7条	次の表の重量以上の重量物を取り扱う業務		
		年齢及び性		重量（単位　キログラム）
				断続作業の場合	継続作業の場合
		満16歳未満	女	12	8
			男	15	10
		満16歳以上満18歳未満	女	25	15
			男	30	20
②クレーン等の運転業務	年少則8条3号	
③エレベーターの運転の業務	年少則8条5号	人荷用、荷物用
④軌道運輸機関、貨物自動車の運転の業務	年少則8条6号	軌道運輸機関、最大積載量2トン以上のもの
⑤巻上げ機の運転の業務	年少則8条7号	動力により駆動されるもの
⑥電気取扱い業務　[直径750ボルト、交流300ボルトを超えるもの]	年少則8条8号	充電電路、その支持物の点検、修理、操作
⑦運転中の原動機等の業務	年少則8条9号	原動機、動力伝導装置の掃除、給油、検査、修理等の業務
⑧玉掛けの業務	年少則8条10号	クレーンによる玉掛けの業務
⑨土木建築用機械運転業務	年少則8条12号	動力により駆動されるもの
⑩丸のこ盤の業務	年少則8条14号	直径25cm以上のもの
⑪軌道車両業務	年少則8条16号	操作場構内の入換え、連結、解放
⑫軌道内業務	年少則8条17号	ずい道内、見通し距離400m以内、車両通行頻繁な場所
⑬手押かんな盤、単軸面取り盤の業務	年少則8条21号	

⑭危険な場所の業務	年少則8条23号	土砂が崩壊するおそれのある場所
	年少則8条23号	深さ5m以上の地穴における場所
	年少則8条24号	高さ5m以上の場所で墜落により危害を受けるおそれのあるところ
⑮足場の業務	年少則8条25号	組立て、解体、変更の業務
⑯立木の伐採の業務	年少則8条26号	胸高直径35cm以上のもの
⑰危険物取扱い業務	年少則8条29号	安衛法施行令別表1の危険物取扱い
⑱圧縮ガス、液化ガス業務	年少則8条31号	圧縮ガス、液化ガスを用いるもの
⑲異常気圧下の業務	年少則8条38号	異常気圧下
⑳振動業務	年少則8条39号	さく岩機、鋲打機等振動機械器具
㉑騒音業務	年少則8条40号	強烈な騒音を発する場所

第4章

職長の役割

　労働災害防止は適切な安全衛生管理計画の作成と実行により推進されなければならない。計画の作成と実行の責任者は、元方事業者はもちろんのこと、各専門工事業者の職長である。

　職長の職務には、作業方法の決定、作業員の適正配置、作業の指示・指導、作業設備・作業場所の点検、安全衛生ミーティングの実施等がある。

　職長は担当する職場の工事の進捗状況、安全衛生状況等を一番よく知っている立場である。安全衛生ミーティング、職長会等については職長の積極的な活動が必要である。

　元方事業者、専門工事業者は現場の状況について、職長を通じ、意見・要望等を素直に聞き、安全衛生管理、施工管理をよりよいものにしていかなければならない。

建設現場において、工事の施工や労働災害防止について、元請けと専門工事業者の作業員の間で中核となって活動するのは職長である。

職長の日常職務には、以下の事項等がある。
 １．作業方法の決定
 ２．作業員の適正配置
 ３．作業の指示・指導
 ４．安全作業の指示
 ５．設備、作業場所、作業方法等の安全点検
 ６．安全ミーティング

安全衛生責任者であれば、以下の職務が義務付けられている。
 １．統括安全衛生責任者との連絡
 ２．統括安全衛生責任者から連絡を受けた事項の関係者への周知
 ３．統括安全衛生責任者からの連絡事項の実施についての管理
 ４．請け負い人が作成する作業計画等について、統括安全衛生責任者との調整
 ５．混在作業による危険の有無の確認
 ６．請け負い人が仕事の一部を後次の請け負い人に請け負わせる場合のその請け負い人の安全衛生責任者との連絡及び調整

職長の職務は、現場作業の中で労働災害防止の中心となり、作業員をまとめ、作業の指示、指揮をすることである。職長は担当する職場において工事の進捗状況、安全衛生状況等を一番知っている事実上の責任者である。元請け、専門工事業者は現場の状況についての指摘、意見、要望等を職長から積極的に聞くことにより、現場の施工管理、安全管理をよりよいものに改善していくことができる。

1 職長の安全衛生活動

　日常の安全衛生サイクル活動の一つであるツールボックスミーティングのリーダーは職長である。職長は当日の作業について、作業方法、作業手順、人員配置、作業の連絡及び調整、予想される災害に対しての防止対策等を行わせ、作業を円滑かつ安全に実施させなければならない。ツールボックスミーティングは、当日の作業において危険要因をつくらないための安全確保の出発点である。

　次頁の表は職長の安全衛生サイクル活動の事例である。職長なくしては現場のとりまとめ、安全衛生活動の展開は望めない。また設備の安全、作業行動等からの災害の防止を図っていくためには作業員全員が安全衛生意識をもち、安全衛生に関わっていくことが大切である。作業員を安全衛生活動に参加させることが全体のレベルアップにつながっていく。作業員の安全意識の高揚を図り、とりまとめを行い、安全衛生について、元請けへ要望、提案し、元請けからの意志も適切に伝達し、安全につなげていく。これも職長の本来の職務である。

第4章◆職長の役割

職長の安全衛生サイクル活動（例）

(1)毎日

行　　事	内　　　容	出席者	日　　時
朝　　礼	呼び掛け、ラジオ体操、あいさつ 当日の予定作業と安全留意事項 安全点検項目の報告と対策の指示	全員	毎日定時
ＴＢＭ	当日の作業予定、作業手順、作業方法、配置、段取り、安全作業のポイント 服装、保護具、機工具、材料等の点検 合図、連絡方法	職長 作業員	毎日定時
作業開始前等点検	作業開始前、作業再開時、作業終了前に点検するチェックシートの使用	作業員 職長	毎日
元請け職員の巡視	工事現場全域の巡視	元請け職員	毎日
作業中の指導	設備、機械、作業方法、不安全状態、不安全行動の是正を指導	元請け職員 職長	毎日
安全工程会議 （工事打ち合わせ）	翌日作業と安全対策の打ち合わせ、指示 使用する設備、機械類の確認と調整 他職間の連絡・調整 作業指示書の交付 点検事項の是正指示	元請け職員 職長	毎日定時
持場片付け	終業5分間の職場片付け 掃除用具、集積場所の事前準備	作業員	終業5分前
終業時の確認	片付け状況、開口部の防護、火の始末、重機のキー、事務所のストーブ、戸締まり、電源カット 事務整理等、報告事項の伝達	元請け職員 職長	終業時

(2)毎週

行事	内容	出席者	日時
安全工程会議	週間工程の説明 進捗状況による各職種間の調整 危険作業関連事項の周知 通路・仮設物の設置 段取り変更打ち合わせ	元請け職員 職長	毎週
週間点検	設備、機械、環境等	元請け職員	毎週1回
一斉清掃	毎週日時を決め、全作業員の参加で実施する	全員	毎週定時

1 職長の安全衛生活動

(3)毎月

行　　事	内　　　容	出席者	日　　時
安全衛生協議会 （安全工程会議併催）	元請け職員の月間、週間工程の説明と安全上の留意事項 ・職種別の作業内容の説明 ・職種間の作業調整の討議 ・毎日の点検による問題点の討議 ・発生災害の原因調査と対策 ・各職種からの提案事項の討議 ・地域関連事項の討議 ・各職種の作業主任者、作業員への周知・徹底の確認 ・討議事項、出席者の記録と確認 ・次回開催日の打ち合わせと提案事項の要請等	元請け職員 専門工事業者 職長	毎月1回
定期自主検査 （月例点検）	・法定点検の実施 ・法定点検の記録 ①検査年月日 ②検査方法 ③検査個所 ④検査の結果 ⑤検査を実施した者の氏名 ⑥是正または補修等の措置の内容	元請け職員 専門工事業者 職長	毎月1回
安全大会	毎月、定期に元請けの主催で、全員が参加して行う ・随時外来者の講話及び前月度安全成績の評価 ・当月の作業工程と具体的安全対策 ・災害事例、安全上の留意事項の説明 ・安全衛生表彰、パトロール、講評 ・一斉清掃、避難訓練等	全員	毎月1回以上

(4)随時

行　　事	内　　　容	出席者	日　　時
安全衛生教育	・新規入場時、雇い入れ時の教育、安全作業心得の徹底 ・工事内容、現場の状況、施工の進め方、安全管理計画、近隣への配慮等の説明 ・危険業務就労時の特別教育	事業主または職長 元請け職員 職長	
健康管理	・雇い入れ時、定期または特殊健康診断受診の指導の確認 ・健康診断結果に基づく健康管理	元請け職員 職長	・随時 ・6カ月以内ごと ・1年以内ごと

2 職長会

　建設現場の就業形態は、各職種ごとに専門工事業者の店社から作業員が配置され、グループごとに職長が選任される。職務は各職種、それぞれ異なるが、近接して作業をしている。作業全体の調整は元請けが実施するが、細部は職長である。作業は、安全に、品質よく、環境にやさしく、工程に合わせ、工期どおり施工しなければならない。そのためには各職のリーダーである職長のコミュニケーションが大切である。

　職長の意志の疎通のいかんが、工事の施工、安全確保の成否を決めることになる。職長が一堂に会した職長会が建設現場で組織され、活動している。職長はいずれかの委員会へ必ず所属させる。

2 職長会

職長会（例）

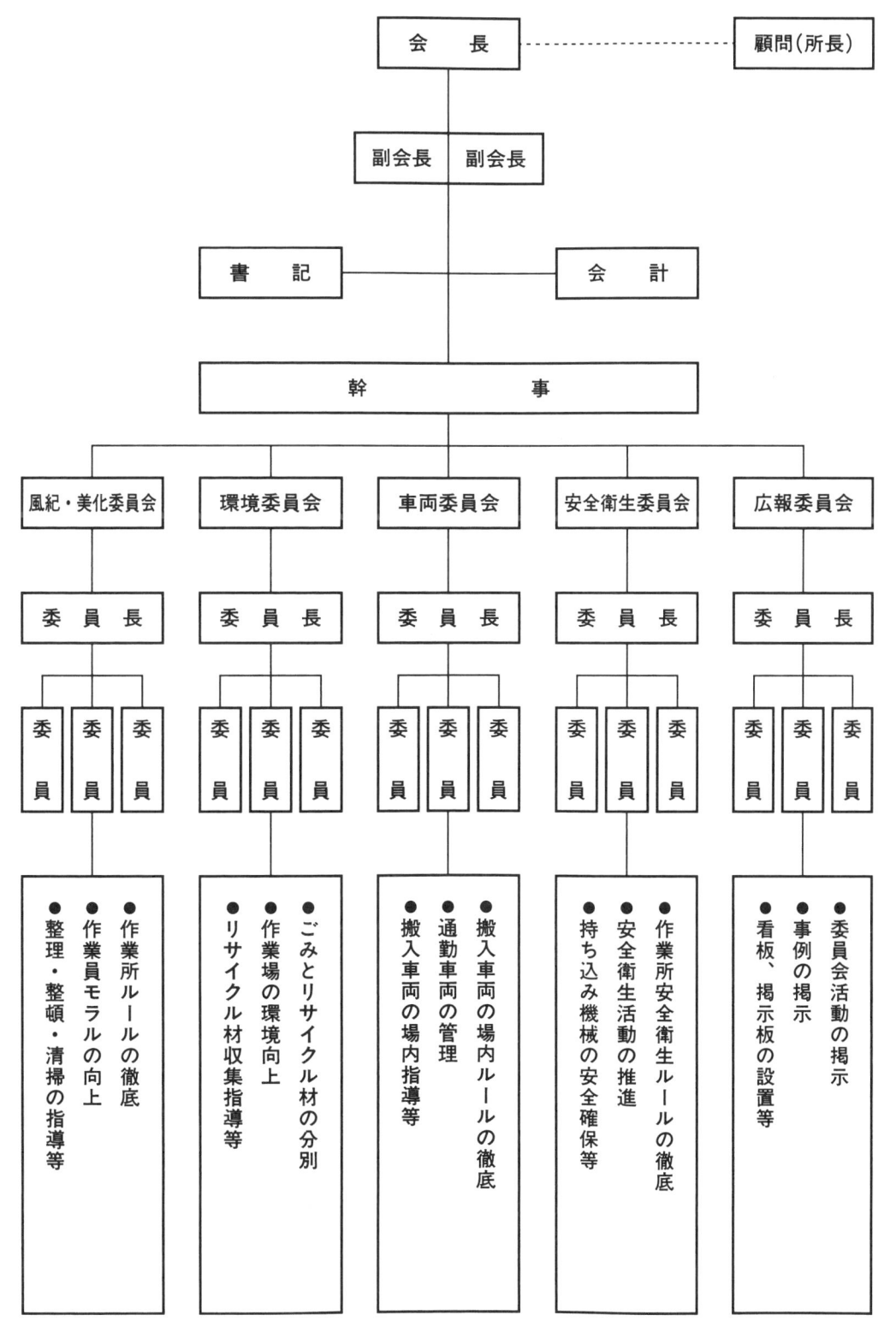

```
                    会　長 ········ 顧問（所長）
                      │
                   副会長　副会長
                      │
          書　記 ──────┼────── 会　計
                      │
                    幹　事
                      │
   ┌──────────┬──────────┼──────────┬──────────┐
風紀・美化委員会  環境委員会   車両委員会   安全衛生委員会   広報委員会
   │          │          │          │          │
  委員長      委員長      委員長      委員長      委員長
   │          │          │          │          │
 委員･委員･委員 委員･委員･委員 委員･委員･委員 委員･委員･委員 委員･委員･委員
```

風紀・美化委員会
- 作業所ルールの徹底
- 作業員モラルの向上
- 整理・整頓・清掃の指導等

環境委員会
- ごみとリサイクル材の分別
- 作業場の環境向上
- リサイクル材収集指導等

車両委員会
- 搬入車両の場内ルールの徹底
- 通勤車両の管理
- 搬入車両の場内指導等

安全衛生委員会
- 作業所安全衛生ルールの徹底
- 安全衛生活動の推進
- 持ち込み機械の安全確保等

広報委員会
- 委員会活動の掲示
- 事例の掲示
- 看板、掲示板の設置等

新規入場されたリーダーの皆様へ（例）

○○建設（株）○○○○新築工事作業所職長会

　新しく来られた職長の方は、和のある明るい作業環境を守り、また、より向上させるため、下記の事項を必ず励行して下さい。

1．作業員の皆様への安全作業の指示、監督。
2．作業員の皆様への作業所ルールの周知徹底、厳守。
3．作業員の皆様への諸施設利用方法の周知徹底。
4．職長会への「入会届、退会届」の提出、職長会規約の厳守。
5．「ロッカー借用願」の提出。
6．「駐車場借用願」の提出。
7．下記事項の励行、実施、参加。
　（イ）ツールボックスミーティングの実施。（毎日朝礼時）
　（ロ）作業開始前・作業終了前点検の実施。実施票の配布、回収。（毎日朝礼、終業時）
　（ハ）安全衛生ミーティング票、作業開始前・作業終了前点検実施票の点検、提出。（毎日提出は週末）
　（ニ）安全・作業指示打ち合わせ会への出席。（毎日11：30～12：00）
　（ホ）職長会安全巡回への参加。（毎週木曜日13：00～13：30）
　（ヘ）職長会定例会議への出席。（第1、第3火曜日15：00～15：30）
　（ト）週休2日制実施分科会への参加。（同上）
　（チ）各種勉強会への参加。
　（リ）QCサークル活動の実施。
　（ヌ）安全委員、清掃当番の遂行。
　（ル）各行事、講習会、研修会への参加。
　（ヲ）合同職長会への協力。
　（ワ）必要書類の提出及び変更、追加のフォロー。

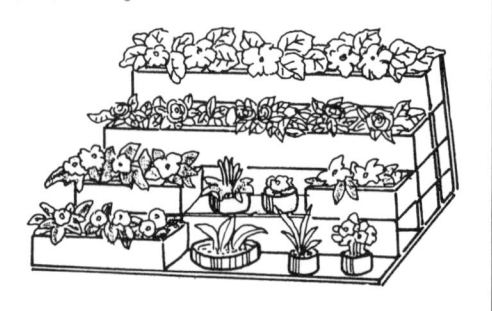

◯◯建設（株）◯◯◯◯新築工事
作業所職長会規約（例）

(名称)
第1条 本会は◯◯建設（株）◯◯◯◯新築工事作業所職長会と称し、平成◯年◯月◯日をもって同作業所内に置く。

(目的)
第2条 本会は工事施工にあたり、自主管理の立場に立って各職責任者自ら責任範囲を明確にし、作業所諸規程を遵守し、安全管理、品質保証、工程管理、原価管理の確立に万全を尽くすとともに、協力会社間の打ち合わせを密にし、各役員及び専門委員の指導によって円滑な協調のもとに工事推進にあたり、◯◯建設（株）に積極的に協力することを目的とする。

(業務)
第3条 本会は本規約第2条の目的を達成するために次の業務を行う。
  1．作業所と協力会社間の打ち合わせ事項の迅速かつ適切な連絡並びにその自主的な遂行。
    (イ) 作業所長方針の展開。
    (ロ) 安全作業の確立。
    (ハ) 作業環境の保持改善。
    (ニ) 通勤車両、搬入車両の安全の確立、駐車場の運営。
    (ホ) 作業場の風紀・美化。
    (ヘ) 作業所のマナー。
    (ト) 広報。
    (チ) その他必要な事項。
  2．協力会社間の融和と相互協力。
    (イ) 会員は作業所内の不安全施設並びに不安全作業を発見した場合は、すみやかに自主的に改善し、かつ指導し、その結果を提案と指摘を含めて安全衛生委員会に報告する。
    (ロ) 安全委員の指名を受けた会員は日に一度は安全パトロールを行い、そ

の結果を記録し、安全衛生委員会に報告する。
（ハ）毎日1回以上、ツールボックスミーティング、伝達注意事項、指示事項、安全標準作業等について教育、指導を行うとともに、作業員の提案、要望事項を聴取する。
（ニ）役員及び幹事は、第2条の目的に多大なる貢献と優秀なる成果を果たした作業員個人並びにグループ等に対し、会長に申請し、作業所長の許可を得て表彰することができる。

（構成）
第4条 作業所の職長は各協力会社の作業責任者とする。

（会員）
第5条 本会の会員は当作業所で1カ月以上作業する各協力会社の作業責任者とする。

（役員）
第6条 本会には本会員の互選で次の役員を置き、作業所長の承認を受ける。

　　　　　会　長　　1名
　　　　　副会長　　3名
　　　　　書　記　　1名
　　　　　会　計　　2名
　　　　　幹　事　　若干名

（役員の任務）
第7条 役員は次の任務を遂行する。
（イ）会長は本会を代表して、業務を統括する。
（ロ）副会長は会長を補佐する。
（ハ）書記は議事録をとりまとめ、文書を発行する。
（ニ）会計は本会の会計を掌握し、会計報告を1カ月に1回、安全衛生協議会時とリーダー会開催時に行う。

（役員の任期）
第8条 役員の任期は原則として6カ月とするが、作業所長の承認を得てその任期を延長、短縮することができる。

(専門委員)
第9条　本会には専門委員として安全、衛生、環境等の各委員を置くことができ、作業所内の安全作業の推進及び作業環境の維持及び良好な衛生環境の維持にあたることとする。

(会員の任務)
第10条　会員は以下の事項を任務とする。
　　　　１．会員は会議に出席しなくてはならない。ただし、やむを得ぬ理由で出席できない場合は、あらかじめ、その旨を会長に届け出て、会長の許可を得た後、代理人を出席させなければならない。
　　　　２．会員は本会の目的達成に関する指導または注意事項に対し、すみやかに改善するとともに、会議議決事項の周知徹底並びに実施を図らなくてはならない。

(会議開催)
第11条　１．本会の会議は定例会議と臨時会議の２種からなり、会長がこれを招集する。
　　　　２．定例会議は毎月２回、定期的に開催する。(第１、３火曜日15：00～17：00)
　　　　３．本会の会議開催に際しては、オブザーバーとして○○建設(株)職員が参加することができる。

(記録)
第12条　本会の議事は原則として記録保管する。

(入会及び退会)
第13条　１．各協力会社は本規約第５条に基づき、工事着手と当時に作業責任者が会長に届け出ることによって入会したものとみなす。
　　　　２．協力会社は工事完了の時点で、会長の承認を得て退会することとする。

(会費)
第14条　１．本会は構成員により維持運営に必要な会費を徴収することができる。
　　　　２．会費は原則的に各協力会社○○○円とし、毎月１度の安全衛生協議会開催日に会費を納めることするが、必要な場合は会長の承認を得て特別会費を徴収することができる。

付則
第1条 本会規約にない事項は、必要に応じてその都度協議するものとする。

第2条 この会則は平成　年　月　日より実施する。

第5章

安全衛生活動事例

　前章までに紹介した各種の対策を取り入れ、安全衛生活動を適切に実践した事例を紹介する。
　できる限り忠実に実際の資料を掲載しているため、その現場特有の事項も含まれているが、自社の現場で安全衛生活動を構築・展開するための参考事例として活用してもらいたい。

1. 社会福祉施設新築工事

2. 保育園・共同住宅改築工事

1 社会福祉施設新築工事

　当工事はＲＣ地下１階、地上５階建て、建築面積1871㎡、延べ床面積8202㎡の建築で、施工管理と安全衛生管理の一体化を図ったもので、その内容について紹介する。

① 安全衛生管理方針

特徴：安全衛生管理方針が明確に示され、実践するよう計画されている。

```
○○社会福祉施設新築工事
        安 全 衛 生 管 理 方 針

              [社　長　方　針]
                    │
                災害の絶滅
                    │
            [建 築 部 部 門 方 針]
                    │
                無災害の達成
                    │
                    ├──────[労働災害防止計画]
                    │
        ┌───────────┴───────────┐
        │                        │
        │    ○○社会福祉施設新築工事    │
        │        作業所方針           │
        │        無災害の達成          │
        │           │                │
        │   [全工程安全管理計画表]      │
        │           │                │
        │   [月度安全衛生管理計画表]    │
        │           │                │
        │   [毎日の安全衛生施工サイクル] │
        └────────────────────────┘
```

第5章 ◆ 安全衛生活動事例

② 作業所施工管理組織

特徴：職務分担を明確にしている。

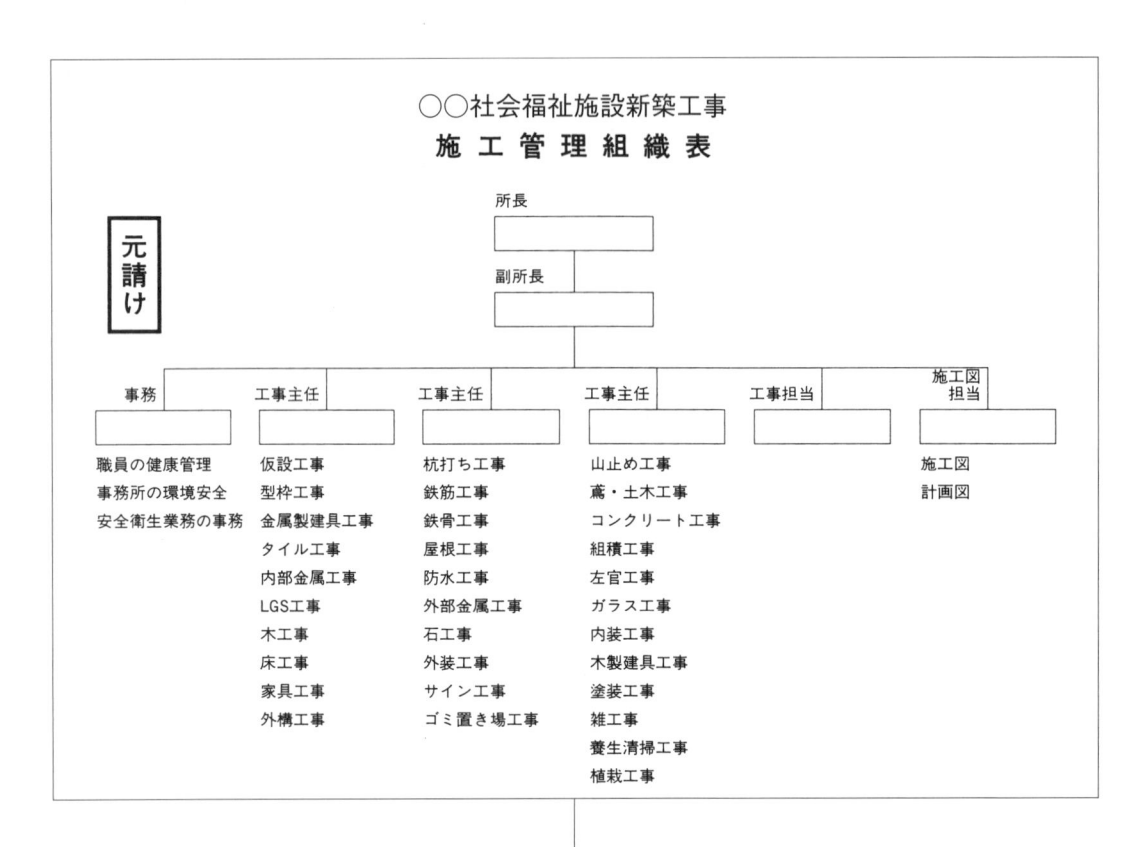

○○社会福祉施設新築工事
施 工 管 理 組 織 表

元請け

- 所長
  - 副所長
    - 事務
      - 職員の健康管理
      - 事務所の環境安全
      - 安全衛生業務の事務
    - 工事主任
      - 仮設工事
      - 型枠工事
      - 金属製建具工事
      - タイル工事
      - 内部金属工事
      - LGS工事
      - 木工事
      - 床工事
      - 家具工事
      - 外構工事
    - 工事主任
      - 杭打ち工事
      - 鉄筋工事
      - 鉄骨工事
      - 屋根工事
      - 防水工事
      - 外部金属工事
      - 石工事
      - 外装工事
      - サイン工事
      - ゴミ置き場工事
    - 工事主任
      - 山止め工事
      - 鳶・土木工事
      - コンクリート工事
      - 組積工事
      - 左官工事
      - ガラス工事
      - 内装工事
      - 木製建具工事
      - 塗装工事
      - 雑工事
      - 養生清掃工事
      - 植栽工事
    - 工事担当
    - 施工図担当
      - 施工図
      - 計画図

専門工事業者	職種	鳶・土工事	杭打ち工事	山止め工事	鉄筋工事	型枠工事	左官工事	鋼製建具	タイル工事	金属工事	木工事	防火工事	屋根工事	内装工事	石工事	軽量鉄骨工事	塗装工事	硝子工事	家具工事
	会社名																		
	工事責任者																		

③ 作業所安全衛生管理組織

特徴：職員の施工管理業務と安全衛生管理業務が一体化され、関係請け負い業者においても、安全衛生管理組織が明確にされている。

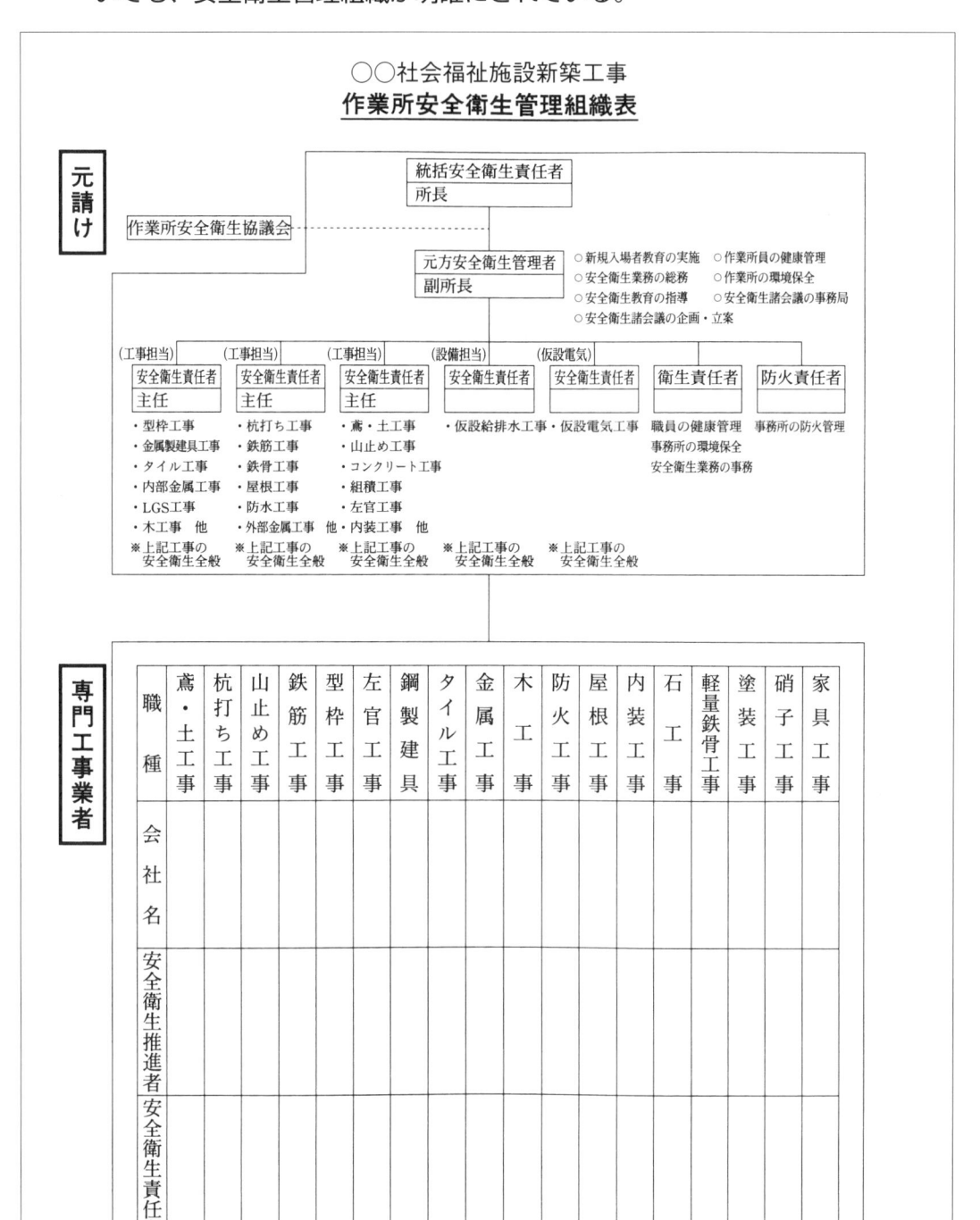

○○社会福祉施設新築工事
作業所安全衛生管理組織表

元請け

- 統括安全衛生責任者：所長
- 作業所安全衛生協議会
- 元方安全衛生管理者：副所長
  - 新規入場者教育の実施
  - 安全衛生業務の総務
  - 安全衛生教育の指導
  - 安全衛生諸会議の企画・立案
  - 作業所員の健康管理
  - 作業所の環境保全
  - 安全衛生会議の事務局

（工事担当）	（工事担当）	（工事担当）	（設備担当）	（仮設電気）		
安全衛生責任者 主任	安全衛生責任者 主任	安全衛生責任者 主任	安全衛生責任者	安全衛生責任者	衛生責任者	防火責任者
・型枠工事 ・金属製建具工事 ・タイル工事 ・内部金属工事 ・LGS工事 ・木工事 他	・杭打ち工事 ・鉄筋工事 ・鉄骨工事 ・屋根工事 ・防水工事 ・外部金属工事 他	・鳶・土工事 ・山止め工事 ・コンクリート工事 ・組積工事 ・左官工事 ・内装工事 他	・仮設給排水工事	・仮設電気工事	職員の健康管理 事務所の環境保全 安全衛生業務の事務	事務所の防火管理
※上記工事の 安全衛生全般	※上記工事の 安全衛生全般	※上記工事の 安全衛生全般	※上記工事の 安全衛生全般	※上記工事の 安全衛生全般		

専門工事業者

職種	鳶・土工事	杭打ち工事	山止め工事	鉄筋工事	型枠工事	左官工事	鋼製建具	タイル工事	金属工事	木工事	防火工事	屋根工事	内装工事	石工事	軽量鉄骨工事	塗装工事	硝子工事	家具工事
会社名																		
安全衛生推進者																		
安全衛生責任者																		

第5章◆安全衛生活動事例

④ 工程別安全衛生管理計画・月別安全衛生管理計画

特徴：工程ごとの作業に対して、災害防止対策が講じられている。
　　　（掲載資料は月別安全衛生管理計画表の例）

H　年　月　月度　安全衛生管理計画表

作成　　　安全衛生管理の作業所方針

月日	1	2	3	4	5	6	7	8	9	10	11	12	13	14	15	16	17	18
曜日	木	金	土	日	月	火	水	木	金	土	日	月	火	水	木	金	土	日

工事工程

- 仮設工事
  - 搬入達成・洗車場作成
  - （通路：アスコン、駐車場：再成砕石）
  - 仮設事務所　備品類整備　事務所使用可
  - 会場解体
  - 点検・戸締り（10日）
  - 夏期休暇 8/11～18（巡回警備）
- 杭打ち工事
  - B工区鋤取用
  - 通路鉄板敷き
  - B工区鋤取りGL-1,000

主たる作業	仮設路設営	安全祈願祭段取り BI区鋤取り	
主要な機械	バックホー	バックホー	
予想される災害	重機旋回時の接触事故	1.パイプ打ち込み時事故 2.重機旋回時の接触事故 3.ダンプ出入り時の交通事故 4.鋤取り部への転落事故	不審火 盗難
予想される災害に対する防止対策・重点点検項目		1.大ハンマーの作業前点検　合図、掛け声による意志伝達 2.朝礼による危険個所の周知徹底及び立入禁止措置 3.運転手への最徐行指示　誘導員の誘導方法指導 4.鋤取り際の手すり設置	ガードマンによる巡回警備 （1日2回巡回）
安全衛生行事計画 （特別朝礼、安全衛生協議会、安全大会、一斉清掃等）		9/9一斉清掃	

1 社会福祉施設新築工事

全工期	全工期無災害の達成												建築課長	現場代理人	作成者
当 月	重機災害の防止														

19	20	21	22	23	24	25	26	27	28	29	30	31	1	2	3	4	5
月	火	水	木	金	土	日	月	火	水	木	金	土	日	月	火	水	木

アースドリル杭
資機材搬入・段取り　　　アースドリル杭築造（2本／日）
　　　　　　試験杭　施工　　　B工区→A工区

＜　杭　打　ち　＞

杭打ち機
バックホー

1. 杭打ち機の転倒事故
2. 杭孔から墜落転落事故
3. 玉掛け不良による吊荷落下事故
4. 重機旋回時の接触事故
5. 鋼材の荷崩れ事故
6. 資機材搬出入時の交通災害

1. 杭打ち機支持地盤の確認 　鉄板等の足元整備 　始業前点検の徹底 2. 杭孔の回りの手すり設置・枠網養生 　コンクリート打設翌日の杭孔早期埋め戻し 3. 有資格者による作業 　玉掛け治具の点検	明確な合図による作業 4. 朝礼による危険個所の周知 　危険個所の立入禁止措置 5. 枕木の適正配置 　鋼材の随時整理 6. 運転手への最徐行指示 　誘導員の誘導方法指導

○ 2/23 一斉清掃　　○ 2/27 安全衛生協議会　　○ 2/30 一斉清掃

⑤ 安全衛生活動

特徴：安全衛生活動が適切に実施されている。
　　　作業開始前点検・作業終了前点検が実施されている。
　　　新規入場者教育が確実に実施されている。

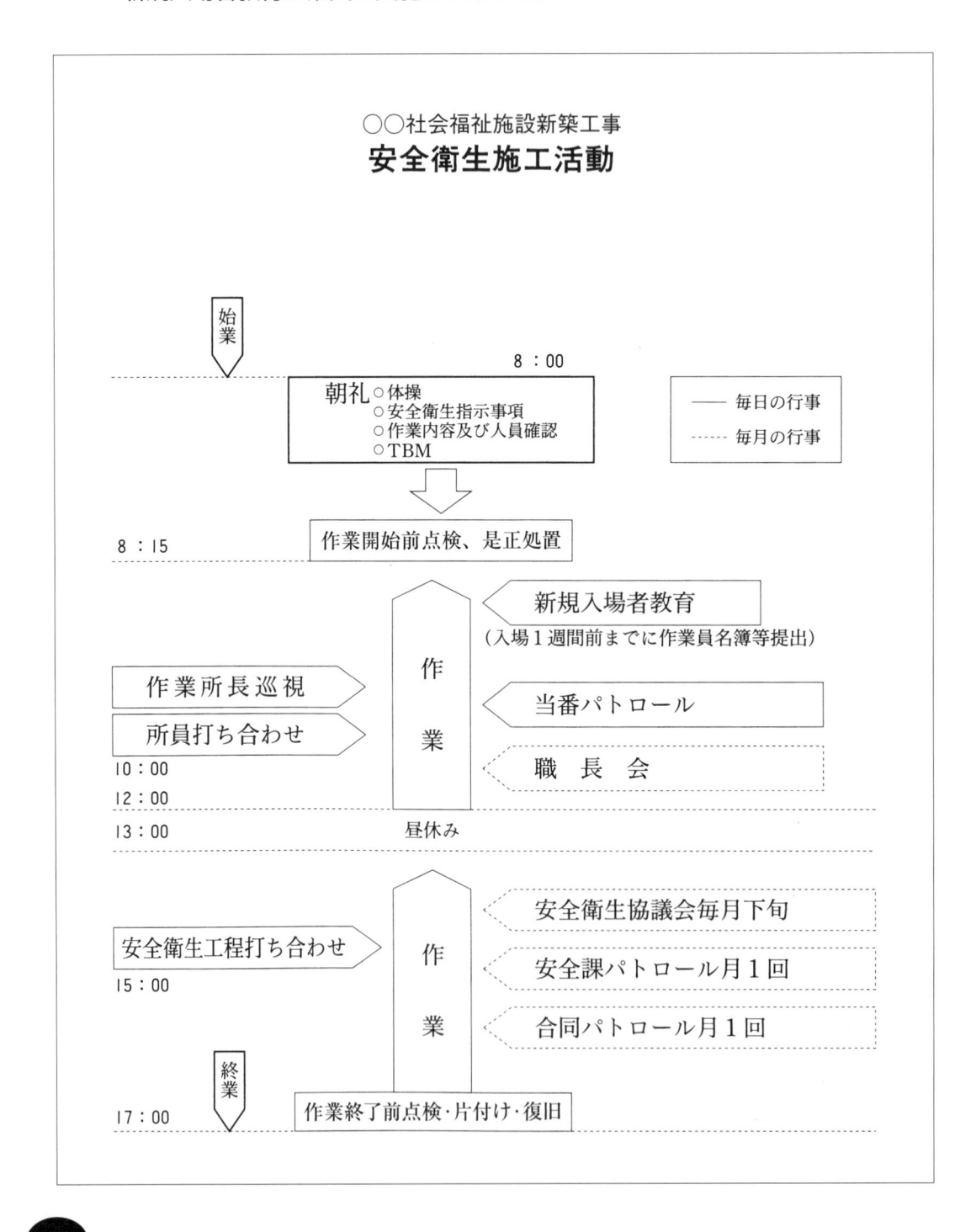

○○社会福祉施設新築工事
安全衛生施工活動

始業

8：00
朝礼　○体操
　　　○安全衛生指示事項
　　　○作業内容及び人員確認
　　　○TBM

──── 毎日の行事
------ 毎月の行事

8：15　作業開始前点検、是正処置

新規入場者教育
（入場1週間前までに作業員名簿等提出）

作業所長巡視
所員打ち合わせ
10：00
12：00

作業

当番パトロール
職　長　会

13：00　昼休み

安全衛生工程打ち合わせ
15：00

作業

安全衛生協議会毎月下旬
安全課パトロール月1回
合同パトロール月1回

終業
17：00　作業終了前点検・片付け・復旧

1 社会福祉施設新築工事

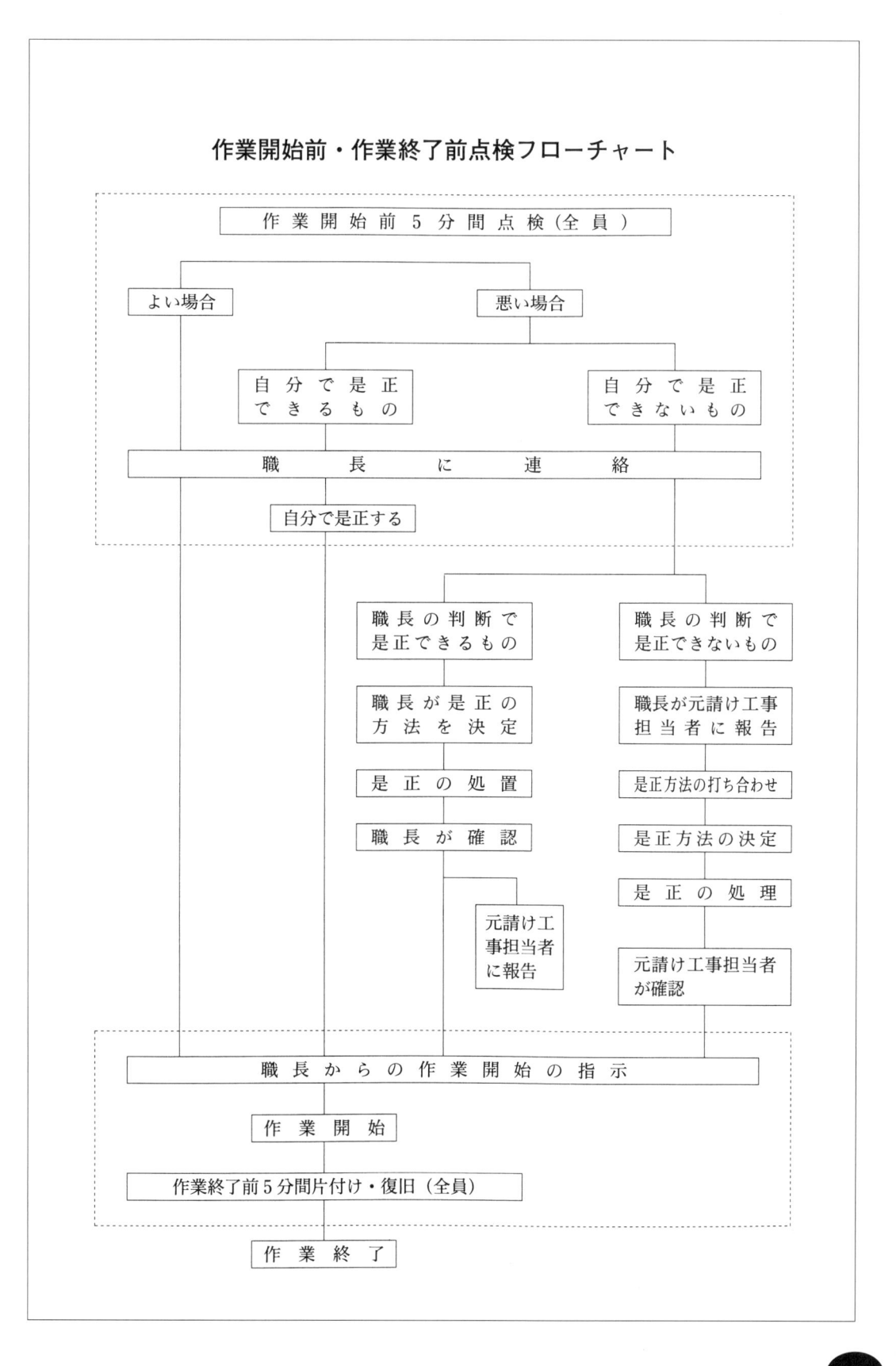

作業開始前・作業終了前点検フローチャート

```
作業開始前5分間点検（全員）
    ├── よい場合
    └── 悪い場合
            ├── 自分で是正できるもの
            │       └── 自分で是正する
            └── 自分で是正できないもの
                    └── 職長に連絡
                            ├── 職長の判断で是正できるもの
                            │       ├── 職長が是正の方法を決定
                            │       ├── 是正の処置
                            │       ├── 職長が確認
                            │       └── 元請け工事担当者に報告
                            └── 職長の判断で是正できないもの
                                    ├── 職長が元請け工事担当者に報告
                                    ├── 是正方法の打ち合わせ
                                    ├── 是正方法の決定
                                    ├── 是正の処理
                                    └── 元請け工事担当者が確認

職長からの作業開始の指示
    └── 作業開始
            └── 作業終了前5分間片付け・復旧（全員）
                    └── 作業終了
```

作業開始前・作業終了前点検チェックシート

会社名		職種								
点検項目 / 日			1	2	3	4	5	6	7	8
作業前	健康状態はよいですか									
	保護具等、服装の点検を行いましたか									
	作業内容の指示がありましたか									
	作業通路は確保されていますか									
	足元に危険はないですか									
	頭上に危険はないですか									
	立入禁止場所、開口部は確認しましたか									
	安全帯の使用施設がありますか									
	体操、朝礼、TBM、作業開始前点検に参加しましたか									
終了前	安全施設の復旧は行いましたか									
	持ち場の整理・整頓は済みましたか									
	詰め所の清掃及び火の始末の点検を行いましたか									
	今日1日の現場のルールを守りましたか									
	機械等の電源のスイッチは切りましたか									
	飛散防止養生はしましたか									
職長確認										

記入方法：チェックシートは始業前と終了前に5分の点検を実施し、
　　　　　"はい"の場合は○印、"いいえ"の場合は×印を記入して下さい。

○○社会福祉施設新築工事

		点検記入者名										点検期間			平成		年		月分	
9	10	11	12	13	14	15	16	17	18	19	20	21	22	23	24	25	26	27	28	29	30	31

2 保育園・共同住宅改築工事

　当工事はＲＣ５階建て、１・２階保育園、３・４・５階共同住宅、建築面積600㎡、延べ床面積1870㎡の建築で、施工管理と安全衛生管理の一体化に加え、安全点検を取り入れた安全衛生活動の展開を図ったもので、安全衛生管理が適切に実施された事例である。その要旨について紹介する。

① 安全衛生管理計画

特徴：安全衛生管理方針が明確に示され、安全衛生活動を具体的に展開するよう計画されている。

保育園等改築工事　安全衛生管理計画

1．作業所長安全衛生管理方針 →
- 現場の安全衛生管理体制を確立する
- 工事の計画段階における事前検討の実施
- 3大災害の絶滅運動の推進

スローガン
　無事故・無災害を全工期を通じて達成しよう

2．作業所安全目標 → 全工期無事故無災害の達成

3．重点実施事項 →
① 安全衛生管理活動の活性化
② 墜落災害の防止
③ 重機・クレーン災害の防止
④ 作業員の健康の確保
⑤ 安全衛生教育の実施
⑥ 危険作業の事前検討

4．実施項目

重点実施事項	具体的対策	実施者 元請け	実施者 下請け
①安全衛生管理活動の活性化	（イ）安全点検活動の定着化を推進し、作業場所の危険要因を排除する。 （ロ）災害防止協議会議事内容を作業員全員に周知するため、伝達報告の提出を義務づける。 （ハ）ヒヤリ・ハット体験報告を作業員からくみ上げ、安全月報に掲載・水平展開することにより、類似災害の防止を図る。 （ニ）4S運動を活性化するため、週1回の一斉清掃を設け、作業環境の整備を図る。	現場担当社員 全　員	職　長 職　長 全　員
②墜落災害の防止	（イ）高所作業には安全な作業床・手すりを設ける。 （ロ）作業床の端部及び開口部は囲い、手すり等で防護し、標識により注意を促す。 　なお、高所作業には高齢者、高低血圧者、心臓疾病者は配置しない。 （ハ）安全設備の先行設置とし、足場を架けてから作業する。 （ニ）危険な行動を排除するため、作業通路を明確にし、表示して、通路上に材料を置くことを禁止する。	担当社員 担当社員 担当社員	職　長 職　長 作業員

重点実施事項	具体的対策	実施者 元請け	実施者 下請け
②墜落災害の防止	(ホ) 危険作業には保護具の使用と、使用できる設備の設置を徹底する。 (ヘ) 作業開始前の点検、確認を実施してから作業にかかる。		職　長 作業員 全作業員
③重機・クレーン災害の防止	(イ) 重機作業エリアの区画を設け、立入禁止、作業指揮者、合図者の任務を明確にして、責任の自覚を促す。 (ロ) ワイヤーの点検と、玉掛けワイヤーの色別管理を行う。 (ハ) 運転、玉掛けには全工期専属の資格者を配置する。 (ニ) つり荷の荷重を周知し、玉掛けワイヤーの選定をする。	担当社員	作業指揮者 相図者 玉掛者 玉掛者
④健康の確保	(イ) 安全作業誓約書・新規入場者教育により、作業員個々の管理を徹底する。 (ロ) 活動報告書により、本人の当日の健康状態良否を確認する。 　また、健康診断個人票により、職長に作業員の健康状態を把握させる。 (ハ) 保護具、防じんメガネ・マスク等の着用を義務づける。 (ニ) 高齢者に対しては、作業内容により適正配置を行う。	担当社員 担当社員	 全作業員 職　長 作業員 職　長
⑤安全衛生教育の実施	(イ) 新規入場者に対して、入場者心得、現場独自のルールを教育指導する。 (ロ) 安全衛生協議会、安全衛生委員会等の組織を通じて、元請け、下請け一体化の効果的な安全衛生教育を、職長・作業主任者を対象に実施する。 (ハ) 新規雇用者、女性、年少者、高齢者については危険作業に対する教育を実施し、適正なる作業配置をする。 (ニ) 有資格者を確保するための受講、受験の支援を図る。	担当社員 担当社員 担当社員 担当社員	 職　長
⑥危険作業の事前検討	(イ) 工種別に災害防止対策を立て、社員、作業員全員に詳細計画を周知徹底する。 (ロ) 外部足場の組み立て、解体については、計画図、作業手順を作業員全員に周知し、作業にかかる。 　昇降設備の設置を先行し、親綱を設置して安全帯の使用を徹底する。 　部材の落下防止と上下作業を禁止する。 (ハ) 鉄骨建て方工事は作業手順により、作業主任者、合図者の指示により行う。 　転倒防止のトラタイヤー、漏れ止めのかいしゃくロープを取り、接合部のボルト締めでは、安全帯の使用を徹底する。 　強風時は、作業を中止する。	作業所長 担当社員 担当社員	 職　長 職　長

2 保育園・共同住宅改築工事

② 安全衛生管理組織

特徴：本社と作業所の安全衛生管理組織が確立している。

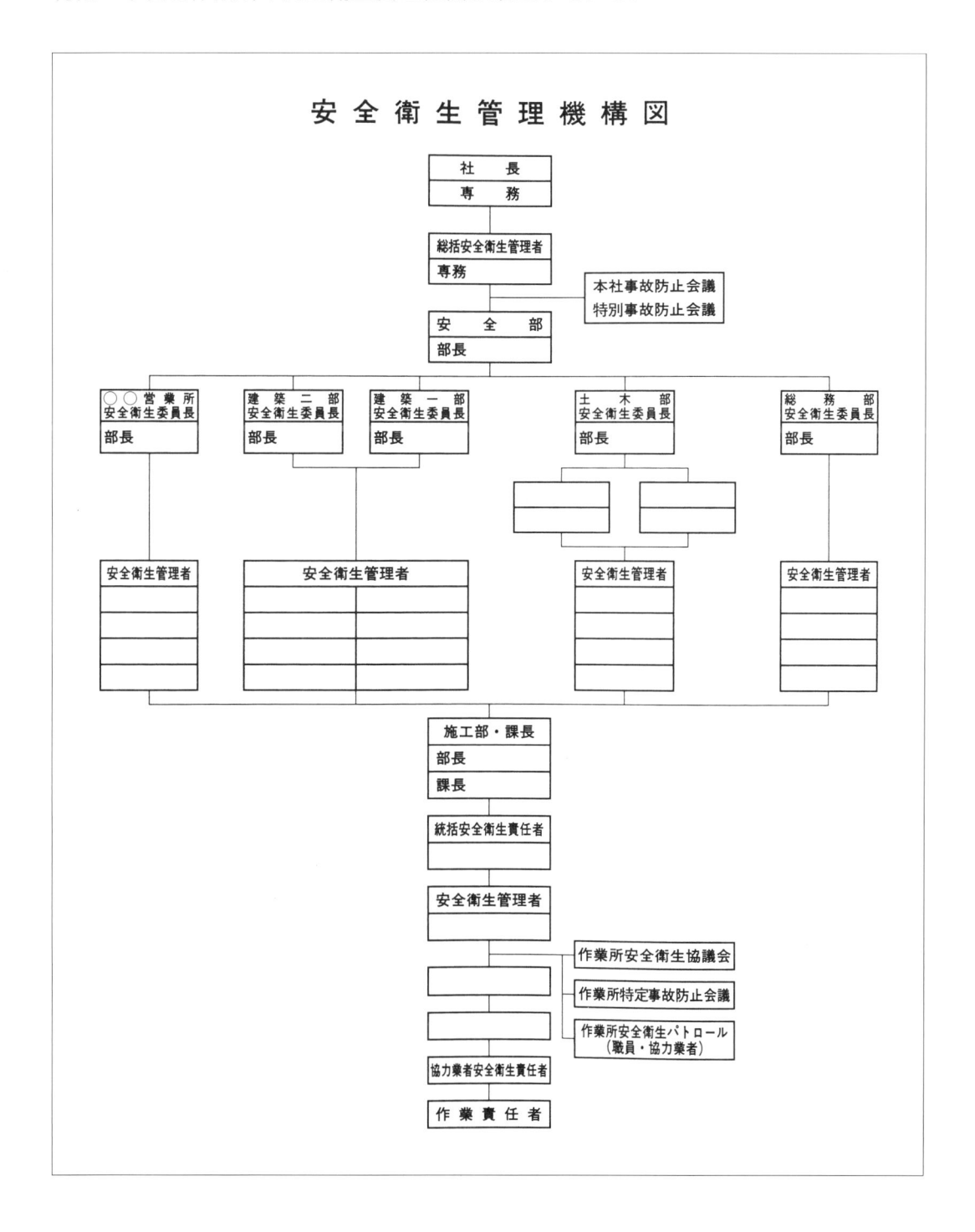

安全衛生管理機構図

```
                    ┌─────────┐
                    │ 社  長  │
                    │ 専  務  │
                    └────┬────┘
                         │
                ┌────────┴────────┐
                │ 総括安全衛生管理者 │────┬──────────────┐
                │    専務         │    │ 本社事故防止会議 │
                └────────┬────────┘    │ 特別事故防止会議 │
                         │             └──────────────┘
                ┌────────┴────────┐
                │ 安  全  部      │
                │ 部  長          │
                └────────┬────────┘
    ┌────────┬───────────┼───────────┬────────┐
┌───┴───┐┌───┴───┐┌────┴────┐┌──────┴──┐┌────┴────┐
│○○営業所││建築二部││建築一部  ││土 木 部 ││総 務 部 │
│安全衛生 ││安全衛生││安全衛生  ││安全衛生 ││安全衛生 │
│委員長   ││委員長 ││委員長    ││委員長   ││委員長   │
│部長     ││部長   ││部長      ││部長     ││部長     │
└───┬───┘└───┬───┘└────┬────┘└────┬────┘└────┬────┘
                              ┌────┴────┐
                              │         │
                              └─────────┘
┌───────┐┌───────────┐  ┌───────────┐    ┌───────────┐
│安全衛生 ││安全衛生管理者││安全衛生管理者│   │安全衛生管理者│
│管理者   ││             ││            │   │            │
└───┬───┘└─────┬─────┘  └─────┬─────┘    └─────┬─────┘
                    │
            ┌───────┴───────┐
            │ 施工部・課長    │
            │ 部  長         │
            │ 課  長         │
            └───────┬───────┘
            ┌───────┴───────┐
            │ 統括安全衛生責任者│
            └───────┬───────┘
            ┌───────┴───────┐
            │ 安全衛生管理者  │
            └───────┬───────┘
                    │       ┌──────────────┐
                    ├───────│ 作業所安全衛生協議会 │
                    │       └──────────────┘
                    │       ┌──────────────┐
                    ├───────│ 作業所特定事故防止会議│
                    │       └──────────────┘
                    │       ┌──────────────┐
                    ├───────│ 作業所安全衛生パトロール│
                    │       │ （職員・協力業者）   │
                    │       └──────────────┘
            ┌───────┴───────┐
            │ 協力業者安全衛生責任者│
            └───────┬───────┘
            ┌───────┴───────┐
            │ 作 業 責 任 者  │
            └───────────────┘
```

第5章◆安全衛生活動事例

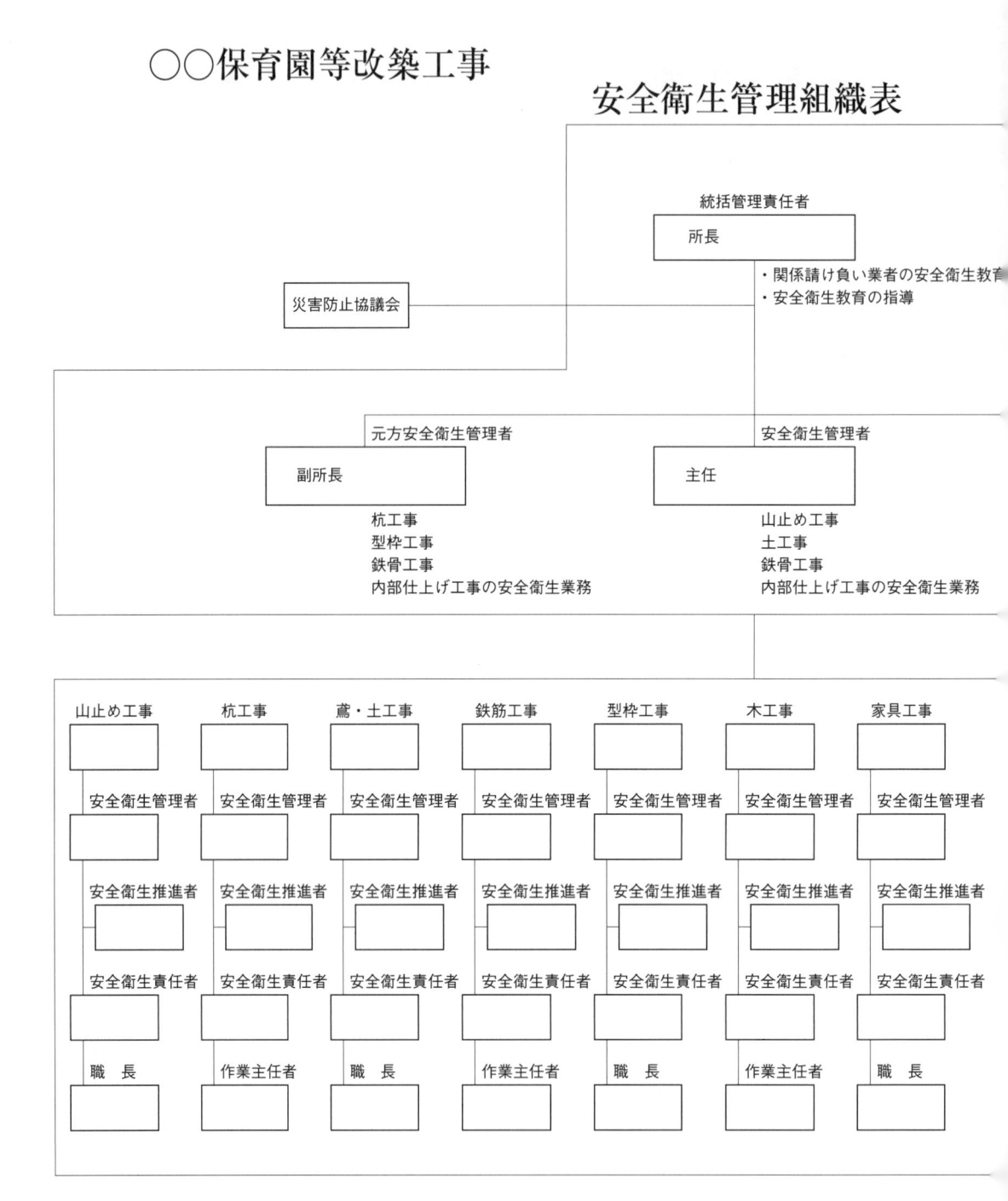

○○保育園等改築工事 安全衛生管理組織表

```
                                    統括管理責任者
                                    ┌─────────┐
                                    │  所長    │
                                    └─────────┘
                                       ・関係請け負い業者の安全衛生教育
         災害防止協議会                 ・安全衛生教育の指導
         ┌─────────┐
         │         │
         └─────────┘

              元方安全衛生管理者              安全衛生管理者
              ┌─────────┐                ┌─────────┐
              │  副所長  │                │  主任    │
              └─────────┘                └─────────┘
               杭工事                      山止め工事
               型枠工事                    土工事
               鉄骨工事                    鉄骨工事
               内部仕上げ工事の安全衛生業務  内部仕上げ工事の安全衛生業務
```

山止め工事	杭工事	鳶・土工事	鉄筋工事	型枠工事	木工事	家具工事
□	□	□	□	□	□	□
安全衛生管理者	安全衛生管理者	安全衛生管理者	安全衛生管理者	安全衛生管理者	安全衛生管理者	安全衛生管理者
□	□	□	□	□	□	□
安全衛生推進者	安全衛生推進者	安全衛生推進者	安全衛生推進者	安全衛生推進者	安全衛生推進者	安全衛生推進者
□	□	□	□	□	□	□
安全衛生責任者	安全衛生責任者	安全衛生責任者	安全衛生責任者	安全衛生責任者	安全衛生責任者	安全衛生責任者
□	□	□	□	□	□	□
職　長	作業主任者	職　長	作業主任者	職　長	作業主任者	職　長
□	□	□	□	□	□	□

2 保育園・共同住宅改築工事

元請け

安全衛生管理者
係員

仮設工事
コンクリート工事
外部仕上げ工事の安全衛生業務

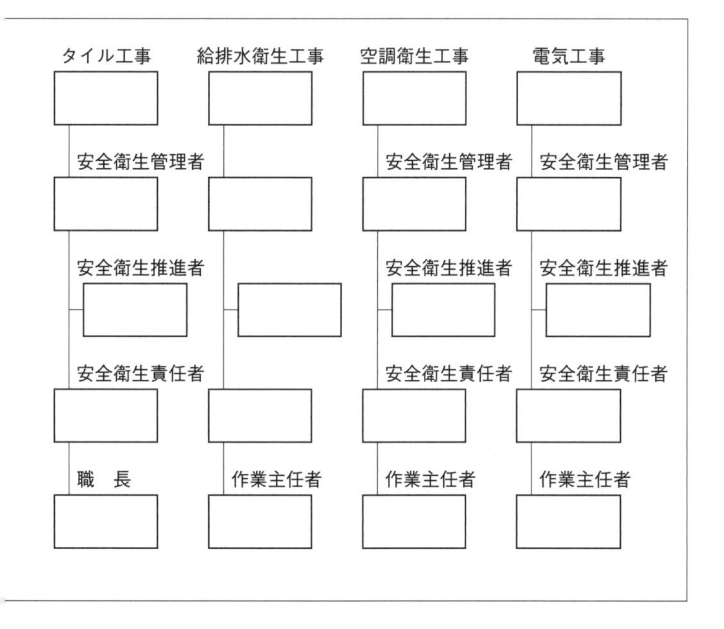

専門工事業者

タイル工事	給排水衛生工事	空調衛生工事	電気工事
安全衛生管理者	安全衛生管理者	安全衛生管理者	安全衛生管理者
安全衛生推進者	安全衛生推進者	安全衛生推進者	安全衛生推進者
安全衛生責任者	安全衛生責任者	安全衛生責任者	安全衛生責任者
職　長	作業主任者	作業主任者	作業主任者

③ 安全衛生管理実施計画

特徴：全工期災害防止対策とともに工程別災害防止対策が講じられている。

安全衛生管理実施計画

1．全工期災害防止対策

A．作業環境の改善整備
- イ．整理整頓に重点を置き、適時適量の搬出入と動線の確保を行い、協力体制の保持に努める。
- ロ．保安設備の有効な設置と保安に努める。（安全パトロール等の点検で安全の確認をすると同時に責任者を定め、保守に当たらせる）
- ハ．安全標識の整備を行う。
- ニ．機械設備の防護と配置の適正化を図る。
- ホ．労働者の健康管理に留意する。

B．安全教育の徹底
- イ．安全衛生協議会・安全衛生委員会等の組織を通じ、元請け・下請けの一体化による効果的な安全教育を実施する。
- ロ．ツールボックスミーティングを実施し、機会教育の習慣化に努め、かつ作業員の意見を聞き取り、働きやすい職場をつくる。
- ハ．新規雇用者、女性、年少者、高齢者については危険作業について十分教育し、理解させ、適正な作業配置を図る。
- ニ．有資格者を確保するための受講・受験等の便宜を図る。

2．工程別災害防止対策

A．準備、仮設工事
- イ．短期間に莫大な資材が使われるため、計画的運用を図るとともに、揚重取り扱いに十分注意する。
- ロ．突風に備えて資材の飛来防止に重点を置き、配置計画を立てる。

B．根伐り、山止め工事
- イ．根伐り作業時においては、誘導員を配置し、歩行者及び車両等の安全を図る。
- ロ．重機作業中は作業半径内立入禁止の措置を取る。

C．鉄骨工事
- イ．建方は合図を定め、合図者の合図によって行う。

ロ．柱は必要によりトラワイヤーを取り、転倒を防ぐ。

　ハ．各接合部は１／３以上の仮締め用ボルト締めを行う。

　ニ．ボルト類は定められたステージ上に定められた重量以内を置き、持ち運びは下げ袋により行い、梁上、足場上に放置しない。

　ホ．建て方重機の転倒防止には特に注意を払い、無理な姿勢の揚重を避け、強固な走行路を確保する。

　ヘ．強風時の作業は避ける。

Ｄ．型枠工事

　イ．未緊結の状態のまま型枠上に不注意に乗らない。

　ロ．型枠の取り付け、取り外しの際に、外部足場のつなぎを取り外さない。

　ハ．3.5m以上の支保工を用いるときは、水平つなぎを設ける。

　ニ．型枠残材はそのまま外部足場の上に放置しない。

　ホ．型枠材は投下してはならない。荷の上げ降ろし設備を用いるか、ロープによってつり降ろす。

　ヘ．解体された型枠材はすみやかに釘仕舞いし、所定の場所に整理する。

Ｅ．鉄筋工事

　イ．長尺鉄筋の運搬及び取り付け中は付近の作業員等に接触しないように注意する。

　ロ．鉄筋を型枠または足場上に置く場合は、過荷重にならないように配置する。

　ハ．鉄筋の不用材はすみやかに撤去する。

Ｆ．コンクリート工事

　イ．ミキサー車の出入りは専属の誘導員の指示による。

　ロ．ポンプ車及び配管は打設前に点検し、接続部の外れ等、故障のないように注意する。

　ハ．開口部付近の打設には命綱の使用を徹底させ、墜落事故の起きないように注意する。

Ｇ．仕上げ工事

　イ．上下作業は原則として禁止するが、やむを得ず作業をする場合は、上下の連絡を緊密にする。

　ロ．開口部まわりには必ず危険防止の柵を設置し、各階ごとに閉鎖して、飛来、落下、転落防止を図る。

　ハ．通路部分には資材、残材等を放置せず、常に歩きやすいように整理整頓する。

ニ．機械まわりには立入禁止用防護柵を設け、その周囲は整理整頓する。
　　ホ．荷上げ用リフトの昇降路には養生柵、注意標識等を設ける。
　　ヘ．足場上の不用材及び、コンクリート、ガラ等、落下の危険性のあるものはすみやかに除去し、放置しない。
　　ト．室内作業用の足場の構造、使用方法に注意する。
　　チ．火気責任者を指名し、消火器具を設置する。

3．墜落災害防止対策
　　A．作業床の完全確保を行い、手すり、登り桟橋等の設置及び点検を行う。
　　B．安全通路を設け、標識を掲げて常に残材等による障害のないようにする。
　　C．荷上げ用開口部及び周辺開口部には墜落防止柵・養生ネットを設置する。
　　D．高所作業には命綱の使用を徹底励行する。
　　E．移動足場の標準使用を徹底する。

4．機械災害防止対策
　　A．クレーン等機械の運転、玉掛けには有資格者を専属配置する。
　　B．機会あるごとに講習会、受験等の便宜を図り、有資格者の育成を行う。
　　C．機械の定期点検保守を行う。
　　D．ワイヤー、玉掛けワイヤー等はつり荷重に応じて十分な検討を行い、かつ、点検を行ったうえで使用する。
　　E．機械の制限荷重の表示を行い、作業員に徹底周知させる。

5．電気災害防止対策
　　A．電気設備（配線、分電盤等）の点検保守を定期的に実施する。
　　B．電気器具（溶接機、電気ドリル等）は機器持ち込み業者の責任において点検を行わせ、安全を認めたものに使用許可を与える。
　　C．仮設電気の配線は必ず電気係が行う。
　　D．担当社員、世話役、安全委員は、電動器等の使用開始前には必ずアースの点検を行う。
　　E．地上配線は原則として禁止する。やむを得ない場合はキャプタイヤコードを使用する。

④ 作業所安全衛生協議会組織

特徴：元請け職員全員と専門工事業者の安全衛生責任者により構成している。

○○保育園等改築工事 作業所安全衛生協議会組織図

顧問（施主・設計事務所等）：行政・担当課
委員長 統括安全衛生責任者：○○建設
副委員長 元方安全衛生管理者：○○建設

① 協議会組織の設置運営
② 作業間の連絡調整
③ 作業場所の巡視
④ 協力業者の安全衛生教育の指導援助
⑤ 合図、警報の統一
⑥ 提供設備機械の安全措置
⑦ その他災害防止のための必要事項

職員全員		協力業者					
担当業務	氏名	職種	会社名	安全衛生責任者	職種	会社名	安全衛生責任者
		鳶・土工			金属工		
		杭工			造作工		
		山止め工			内装工		
		鉄筋工			木建工		
		型枠工			タイル工		
		コンクリート工			塗装工		
		サッシ工			家具工		
		防水工					
		屋根工					
		ガラス工					
		左官工					
		鉄骨工					

⑤ 安全衛生管理計画

特徴：全工期における災害防止計画と工程別安全衛生管理計画を作成している。

全工期工事別災害防止計画表

部　課　名	建築一部		所在地	☎（　）　－
出張所の名称	○○保育園等改築工事作業所		所在地	☎（　）　－
工　事　名	○○保育園等改築工事作業所			
工　事　概　要	RC造5階建て　1．2F保育園　3．4．5F共同住宅			
現場管理者 職　氏　名	(統括安全衛生責任者)		防火管理者	
	安全衛生責任者		危険物取扱責任者	
	安全衛生点検責任者		雇用管理者	
工　　　期	自平成　年　月　日　至平成　年　月　日		請負金額	円
労働者数	職員　男　女　年少者　計　名	作業者（下請けを含む）	1日平均見込み　名 最盛期の1日平均見込み　名	
工事関係請負人	記載注意1により別紙に記載し、添付する。			

	名　　称	能力・容量・寸法	使用期間	員数
主たる工事用設備機械	受　電　設　備		～	
	ク　レ　ー　ン		～	
	移　動　式　ク　レ　ー　ン		～	
	建　設　用　リ　フ　ト	900kg	～	
	簡　易　リ　フ　ト	250kg	～	
	く　い　打　ち・く　い　抜　き　機	アースドリル機	～	
	足　　　　　　場	枠組み足場	～	
	支　　保　　工		～	
	ア　ー　ク　溶　接　機		～	
	同上（自動電撃防止装置付）		～	
	つ　り　足　場（ゴ　ン　ド　ラ）		～	
	列車防護設備（携帯発煙筒）		～	
	〃　　　（固定発煙筒）		～	
			～	
			～	
電　気　設　備	感電防止用漏電しゃ断装置		㊲（　　台）　無	
発　注　者	☎（　）　－		住所　☎	

	作成年月日	平成　年　月　日

現　場　名　○○保育園等改築工事

統括安全衛生責任者　　　　　印

法定の特殊技能者確保計画	足場解体作業主任者	2名	建設用リフト運転者	2名
	型枠支保工組立作業主任者	2名	玉掛有資格者	2名
	地山の掘削作業主任者	1名	高圧室内作業主任者	/
	土止め支保工作業主任者	1名	酸素欠乏危険作業主任者	/
	木材加工用機械作業主任者	/	発破技士	/
	杭打機組立て等作業指揮者	1名	電気関係	1名
	車両系建設機械運転者	1名	工事指揮者	1名
	クレーン運転者	1名	列車見張り員	/

主たる保護具	保護具の種類	使用場所	従事労働者数	使用数
	保護帽	現場内	全員	
	安全帯	高所作業時	〃	

寄宿舎	有／無	☎（　）－	休養室	有／無

工事内容及び主な安全方針	RC造5階建てで前面幅員6.0m道路に接道した建築物である。建築工事に際しては墜落、落下災害及び重機災害等の防止に努めるとともに資材の搬出入時においては誘導員を配置して歩行者及び車両の安全誘導を行い、第三者災害等の防止に努める。工事中における振動、騒音等による苦情にはただちに対処するとともに近隣との融和を図り、無事故無災害で竣工する。

工程別安全衛生管理計画表

工事別	月	10月	11月
主要工程	仮 設 工 事	■■■■■■ 準備工事	■■ 仮囲い
	杭 工 事		■■
	土 工 事		シートパイル打ち込み
	躯 体 工 事		
	内部仕上げ工事		
	外部仕上げ工事		
	外 構 工 事		
主 要 作 業			山止め・
予想される災害			重機搬入時の第三者災害 組み立て時の合図不徹底によるはさまれ 鋼矢板・鉄板移動時の落下事故 つり込み時の合図不徹底によるはさまれ 仮囲い架設時の第三者災害
安 全 対 策			誘導員の配置 作業指揮者の配置 適正つり治具の使用と始業点検 合図の統一と確認 作業範囲カラーコーンにての表示 誘導員の配置
手 配 労 務			
工 事 機 械			25tラフタークレーン

2 保育園・共同住宅改築工事

	12月	1月	2月
アースドリル杭	■■■		
掘削	─■■		
基礎（鉄筋・型枠）		■■■■■■■	
基礎コン			■
埋め戻し			─■

アースドリル杭	基礎躯体（鉄筋・型枠・コンクリート）	
軟弱地盤による重機転倒事故 カゴ筋建起し時の落下による事故 トレミー管撤去時のはさまれ事故 ダンプ搬出入時の通行人のケガ バックホーによるはさまれ事故 掘削及び積み込み時のバックホーによるはさまれ事故 鉄筋足場架設時の足場からの転落 鉄筋振り回し時の他作業員への接触 鉄筋圧接時の火花による火傷	型枠加工時の電動工具によるケガ	生コン車入出時の交通事故 生コン圧送時のブームの倒壊事故 コンクリート打設時の足場からの転落 埋め戻し時のバケットによる激突事故
重機足元敷き鉄板の確認 玉掛けワイヤーの点検 合図方法をオペレーターと確認する 誘導員の適正配置 作業指導者の配置 合図の統一と確認 作業半径内の立入禁止範囲表示 無理な姿勢での作業をしない 使用場所付近への事前配置 長尺物運搬時の2人作業の励行 保護具の着用 整理整頓の励行 始業前点検の励行		誘導員の適正配置 アウトリガーの張り出し確認 足元の確認・確保 作業半径内への立入禁止
バックホー アースドリル　バックホー 　　　　　　ミニバックホー	25tラフタークレーン	生コン圧送車 バックホー

第5章 安全衛生活動事例

3月	4月	5月
	外部足場架け	外部足場架け
シートパイル引抜き　1Fスラブコン 1Fスラブ（配筋・型枠）	2F　　　　　コン 鉄筋・型枠	3F 鉄筋・型枠

躯体（鉄筋・型枠・コンクリート）

想定される災害（3月）
- ピット開口部からの転落事故
- スラブ筋等によるつまずき転倒事故
- 鉄筋運搬時の他作業員への接触事故
- 差し筋等によるつまずき転倒事故
- 鋼矢板引き抜き時のワイヤー切断事故
- アウトリガー張り出し不足による転倒事故

想定される災害（4月）
- 鉄筋材振り回し時の他作業員への接触
- 鉄筋圧接時の火花による火傷・火災
- 電動工具使用時の指切断事故
- 脚立足場作業時の転落事故
- 開口部からの転落事故
- コンクリート打設時の支保工の倒壊
- 生コン車入出時の交通事故
- 生コン圧送時ブームの倒壊事故

想定される災害（5月）
- コンクリート打設時の支保工倒壊事故
- 開口部からの転落事故
- 脚立足場作業時の転落事故
- 搬入車両・通行人との接触事故
- 型枠解体時のパイプの落下による事故
- コンクリート打設時の足場からの転落

対策（3月）
- 開口部周囲の手すりによる防護
- 足場板による通路の確保
- 運搬方向を考慮した材料の配置
- 作業通路の整備・確保
- 始業前の玉掛けワイヤーの点検励行
- アウトリガーの張り出し確認

対策（4月）
- 長尺物運搬時の2人作業の励行
- 作業場所下部の可燃物の排除
- 無理な作業姿勢による使用の禁止
- 脚立の適正使用の励行
- 開口部周囲の手すりによる防護
- 打設時に緩みを点検する
- 誘導員の適正配置

対策（5月）
- 始業前点検の励行
- 水平養生設備の設置
- 作業中立入禁止の厳守
- 歩行者優先誘導の励行
- 脚立の適正使用の励行
- 開口部周囲の手すりによる防護
- 打設時に緩みを点検する

使用機械（3月）
25tラフタークレーン　バックホー　生コン圧送車

2 保育園・共同住宅改築工事

6月	7月	8月
外部足場架け	外部足場架け　外部足場架け	
コン　　　4F　鉄筋・型枠	コン　　5F　コン　　RF　鉄筋・型枠　鉄筋・型枠	コン　　　　　　　型枠解体
		建具・造作・内装・ガラス・塗装
		防水・屋根・タイル・吹き付け
		内部仕上げ　外部仕上げ
生コン車入出時の交通事故 生コン圧送時のブームの倒壊事故 材料荷上げ時の落下事故 鉄筋材振り回し時の他作業員への接触 鉄筋圧接時の火花による火傷・火災 電動工具使用時の指切断事故 脚立足場作業時の転落事故 開口部からの転落事故	事故 コンクリート打設時の支保工の倒壊 搬入車両・通行人との接触事故 型枠解体時パイプの落下による事故 材料荷上げ時の足場からの転落 コンクリート打接時の他作業員への転落 スラブ筋等によるつまずき転倒事故 ピット開口部からの転落事故 鉄筋圧接時の火花による火傷・火災 脚立足場作業時の転落事故 開口部からの転落事故	材料荷降ろし時の落下事故 型枠解体時のパイプの落下による事故 搬出車両・通行人との接触事故 外部足場上作業での墜落事故 上下作業による落下事故 脚立足場作業時の転落事故 コンクリート打設時の支保工の倒壊 事故 開口部からの転落事故
誘導員の適正配置 始業前点検の励行 玉掛け資格者による作業 長尺物運搬時の2人作業の励行 作業場所下部の可燃物の排除 無理な作業姿勢による使用の禁止 足元の確保・確認 開口部未使用時の水平養生の確保	打接前での脚部・振れ止めの点検 玉掛け資格者による作業 長尺パイプ解体時の単独作業の禁止 水平養生設備の設置 作業通路の確保 作業場所下部の可燃物の排除 脚立の適正使用の励行	地切り時の一時停止 長尺パイプ解体時の単独作業の禁止 歩行者優先誘導の励行 安全帯の着用使用の励行 作業連絡による上下作業の禁止 脚立の適正使用の励行 打設時に緩みを点検する 開口部周囲の手すりによる防護

9月	10月	11月
		道具・造作・内装・ガラス・塗装
		防水・屋根・タイル・吹き付け
	内部仕上げ	外部仕上げ
脚立足場作業時の転落事故 上下作業による落下事故 外部足場上作業での墜落事故 仕上材荷上げ時のはさまれ事故 溶接機による感電事故	脚立足場作業時の転落事故 上下作業による落下事故 外部足場上作業での墜落事故 足場作業時の墜落事故 仕上げ材荷上げ時のはさまれ事故 溶接機による感電事故 溶接火花による火災事故	搬入車両・通行人との接触事故 たばこの火による火災事故 内部足場上からの転落事故 外壁タイル施工時の材料落下による激突 脚立足場作業時の転落事故 上下作業による落下事故 外部足場上作業での墜落事故
脚立の適正使用の励行 作業連絡による上下作業の禁止 安全帯の着用使用の励行 緊急停止スイッチの設置 リフトへの過剰な荷の積み込み禁止 持ち込み時点検による不良個所の修正	脚立の適正使用の励行 作業連絡による上下作業の禁止 水平養生設備の設置 緊急停止スイッチの設置 リフトへの過剰な荷の積み込み禁止 持ち込み時点検による不良個所の修正 作業場所付近の可燃物の排除	誘導員の適正配置 喫煙場所の指定 適正作業高さに基づいた足場計画 作業範囲の明確化と立入禁止表示 脚立の適正使用の励行 作業連絡による上下作業の禁止 安全帯の着用使用の励行

12月	1月	2月
外部足場解体		
		外柵園庭
		外　構
足場作業時の墜落事故 仕上げ材荷上げ時のはさまれ事故 溶接機による感電事故 有機溶剤使用時の中毒災害 外部足場解体時の墜落事故 足場解体時の倒壊事故 たばこの火による火災事故 火気使用作業による火災事故 内部足場上からの転落事故 搬入車両・通行人との接触事故	搬出時の歩行者との接触事故 仮囲い解体時通行人との接触事故 脚立足場作業時の転落事故	材料小運搬時のつまずき転倒 ミニバックホーによる激突事故 狭あい作業時のはさまれ事故
緊急停止スイッチの設置 リフトへの過剰な荷の積み込み禁止 持ち込み時点検による不良個所の修正 保護具の着用・換気設備の設置 作業手順の周知徹底 足場継ぎの適正な盛替え 火気使用後の点検励行	誘導員の適正配置 喫煙場所の指定 適正作業高さに基づいた足場計画 退場時の一日停止の励行 作業範囲のカラーコーンでの表示・監視 単独使用の禁止	作業通路の整備確保 作業範囲立入禁止表示と監視

6 安全衛生活動

特徴：毎日、毎週、毎月の安全衛生活動を具体的に実施できるように計画している。

(1) 毎日の安全衛生活動

1. 安全衛生朝礼……………………………………… 8：00～8：15
2. ＴＢＭ、作業開始前点検活動…………………… 8：15～8：30
3. 新規入場者教育…………………………………… 8：30～8：50
4. 安全衛生パトロール……………………………… 9：00～
5. 統責者巡視………………………………………… 10：30～
6. 翌日作業打ち合わせ……………………………… 13：00～13：15
7. 安全衛生パトロール……………………………… 14：00～
8. 作業終了前点検…………………………………… 16：45～16：50
9. 後片付け清掃……………………………………… 16：50～17：00

　　　　　　（就業時間 8：00～17：00　　休憩時間 10：00～10：15
　　　　　　　　　　　　　　　　　　　　　　　　12：00～13：00
　　　　　　　　　　　　　　　　　　　　　　　　15：00～15：15）

(2) 毎週・毎月の安全衛生活動

災害防止協議会 （兼、月間工程会議）	毎月第3水曜日 （休日の場合翌日）	13：00～14：00
安全衛生会議	毎週月曜日 （　〃　）	13：00～13：20
安全衛生大会	毎月第1月曜日	13：00～13：20
一斉清掃	毎週土曜日 （休日の場合金曜日）	13：00～13：20
その他の安全行事	随時開催	

(3)安全衛生活動

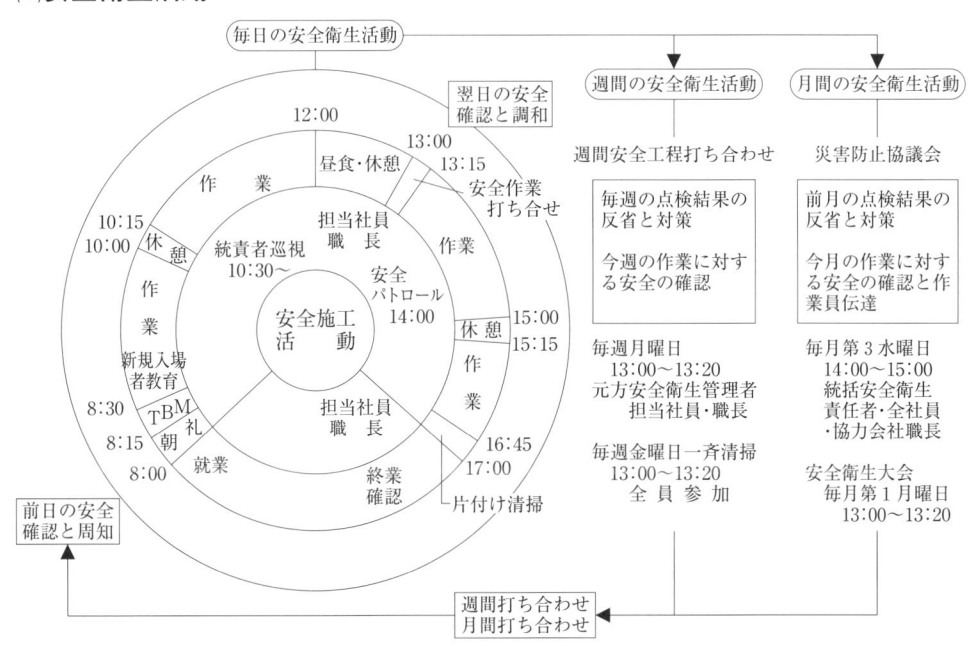

毎日の安全衛生活動

- 12:00 昼食・休憩
- 13:00〜13:15 安全作業打ち合せ（翌日の安全確認と調和）
- 作業（担当社員・職長）
- 安全パトロール 14:00
- 15:00〜15:15 休憩
- 作業
- 16:45 担当社員・職長 終業確認
- 17:00 片付け清掃
- 8:00 就業
- 8:15 朝礼
- 8:30 TBM・新規入場者教育
- 作業
- 10:00〜10:15 休憩
- 統責者巡視 10:30〜
- 安全施工活動（中心）
- 前日の安全確認と周知

週間の安全衛生活動

週間安全工程打ち合わせ

- 毎週の点検結果の反省と対策
- 今週の作業に対する安全の確認

毎週月曜日
13:00〜13:20
元方安全衛生管理者
担当社員・職長

毎週金曜日一斉清掃
13:00〜13:20
全員参加

月間の安全衛生活動

災害防止協議会

- 前月の点検結果の反省と対策
- 今月の作業に対する安全の確認と作業員伝達

毎月第3水曜日
14:00〜15:00
統括安全衛生責任者・全社員
・協力会社職長

安全衛生大会
毎月第1月曜日
13:00〜13:20

週間打ち合わせ
月間打ち合わせ

(4) 安全衛生活動実施要領
①毎日の活動

実施事項	いつ	どこで	誰が	何を　どのように	何のために　どうするか
安全朝礼	作業開始前	朝礼会場	全員	・本日の作業と安全指示を周知する ・前日の安全指揮事項の改善 ・体操	・安全作業の心構えを作る ・安全意識の高揚 ・作業ルールと作業間連絡調整を図る
TBM	作業開始前	作業場所	職長 グループ全作業員	・本日の作業内容の周知 ・安全作業のためのKYKの実施 ・作業前の連絡調整事項の確認 ・服装、体調のチェックと確認	・本日の作業を全員が安全で生産を高めるために、作業指示の徹底をする
作業開始前点検	作業開始前	作業場所	全作業員	・作業場所の設備に不備はないか機械工具の安全装置の不備をチェック ・不備の場合の改善は、即時是正するまで作業を中止する ・作業区画、仮囲い、第三者設備に不備はないかチェックする	・作業前、使用前の安全を確認する ・安全作業の確保 ・近隣対策、第三者災害の防止
新規入場者教育	作業所入場時	作業所・会議室	工事担当社員	・作業所のルールと独自の安全留意事項を説明、理解させる ・本人の現時点の健康状態を確認する ・作業員1人ひとりに安全作業を自覚させ、守らせる指導をする	・作業所内の規律を守る ・災害防止と生産の向上を図る ・安全意識向上と自主的な安全活動参画
安全パトロール	作業中随時	作業場内外	安全当番 (担当社員 担当職長)	・作業の中で不安全設備、不安全行動がないかチェックする。あった場合、改善是正を指示指導する ・即時改善できない事項については、作業を中止させ、作業打ち合わせで協議する ・近隣、第三者に対しても迷惑がかかっていないかチェックする	・作業打ち合わせ、作業手順が守られているか ・状況の変化に対応して災害防止を図る ・公衆災害、公害防止を図る
統括安全衛生責任者巡視	1日1回以上	作業場内外	作業所長 (不在時代行者)	・作業全般を巡視し、設備、機械、作業行動、整理整頓、近隣、第三者等に対する管理状況を監督する ・異常があったら、担当社員、職長に指示し、処理する。また、作業打ち合わせで検討処理する	・元請けとしての安全衛生管理の役割 ・不安全設備と不安全行動の排除 ・作業間の連絡調整状況の確認
安全作業打ち合わせ	13:00～	作業所・打ち合わせ室	工事担当社員 下請け職長	・翌日の作業の調整と指示を確認する ・作業に対する安全衛生の指示をする ・資機材の搬出入の確認 ・作業間の連絡調整と、作業方法の確認	・作業工程を確保して、安全、施工品質、生産の向上を図る ・手直し、手戻りの防止
作業終了前点検	作業終了前	作業場所	全作業員	・使用した設備、機械が正常な状態となっているかチェックする ・作業区画、仮囲い、第三者設備は元通り復旧しているかチェックする ・異常の場合は、是正して直ちに復旧しておく	・翌日の安全作業の確保 ・作業員の安全意識と生産の向上 ・近隣、第三者に対する災害の防止
作業終了後の片付け清掃	作業終了後	作業場内外	全作業員	・資機材を整理し、決められた場所に整頓する ・作業場所、休憩所、トイレ、洗面所の清掃 ・仮囲い、休憩所、事務所の戸締り、火気のチェック	・職場環境の快適化 ・建設現場の3Kの排除 ・防火、第三者災害の防止

②週間の活動

実施事項	いつ	どこで	誰が	何を どのように	何のために どうするか
週間安全工程打ち合わせ	毎週月曜日	作業所会議室	作業所長 工事担当社員 下請け職長	・前日までの工程の反省評価 ・工事進捗状況による職種間の連絡調整 ・今週の工程に沿って工事予定を確認調整する ・危険作業、危険個所の周知 ・仮設、作業通路の設置と段取り替え	・安全工程の確保 ・混在作業等による災害の防止 ・生産性の向上
週間一斉清掃	毎週金曜日 (休日の場合は木曜とする)	作業所内外	全員	・不用材、発生材のリサイクル、分別処理 ・材料の整理整頓 ・作業通路を十分に確保する	・作業環境の整備 ・資機材の管理 ・災害の防止 ・翌週作業の準備

③毎月の活動

実施事項	いつ	どこで	誰が	何を どのように	何のために どうするか
災害防止協議会	第3水曜日	作業所会議所	災害防止協議会組織で作業所長が運営	・工程の確保に伴う安全に対する諸注意事項、職種間の連絡調整事項、災害事例の研究等を協議周知する	・作業場で職種間の混在作業から発生する問題点を調整し、災害を未然に防止する
安全衛生大会	第1月曜日	朝礼会場	全員	・今月安全スローガンを唱和して、安全意識の高揚を図る ・作業所の安全ルールを再度周知徹底する ・無事故無災害の達成を誓う	・災害ゼロの達成 ・健康の保持 ・快適職場の形成

⑦ 協力会社への協力要請

特徴：協力会社へ各種の協力を要請している。

1．作業所安全衛生管理体制

(1) **協力会社の皆様へ**
　①工事着手前に当作業所所定の安全衛生関係書類を提出して下さい。
　　a　安全衛生作業確約書
　　b　建設業法、雇用改善法等に基づく届出書
　　c　作業員名簿（健康診断書、資格・免許証等の写し）
　　d　持ち込み機械、工具の使用届及び点検表
　　e　安全衛生管理計画表（社内）
　　f　安全衛生管理計画表（作業所）

　②打ち合わせ及び災害防止協議会等で決められた事柄を各作業員の方への伝達・打ち合わせをお願いします。

(2) **作業員の皆様へ**
　①毎朝作業開始前に安全衛生朝礼・体操を行いますので、必ず参加して下さい。
　②初めて当作業所に入られる方は、当日朝、新規入場者教育を受け、書類に必要事項を記入して下さい。
　③毎朝ＫＹＫ（危険予知活動）を必ず行ってから作業にかかって下さい。
　④毎日12：45から翌日の作業打ち合わせを行いますので、職長の方は必ず出席して下さい。
　⑤現場内でのくわえたばこは禁止です。たばこは指定の場所で、吸って下さい。
　⑥作業終了後は、作業場所の後片付け清掃と安全衛生確認及び火元の点検を行って下さい。

2．作業所安全衛生活動

(1) 就業時間（8：00～17：00）
　原則として躯体工事は残業できません。

(2) 安全衛生朝令（8：00～8：15）
・ラジオ体操を行います。
・当日の作業及び注意事項の指示、確認をします。
・安全コールを全員で呼称して作業にかかります。

(3) ＴＢＭ・作業開始前点検活動（8：15～8：30）
・職長を中心に当日の作業の打ち合わせを行って下さい。
・危険な場所及び危険を伴う作業の注意事項等の確認をして下さい。
・作業開始前の点検、確認（服装・保護具・機工具）をして下さい。
・重機類は始業前点検表を提出して下さい。

(4) 翌日の作業打ち合わせ（13：00～13：15）
・翌日の作業及び工程打ち合わせを行います。
・同上作業に対する安全衛生指示、確認をします。
・搬入出車両の調整を行います。

(5) 点検・後片付け清掃（16：50～17：00）
・作業終了前、作業場所の後片付けと清掃をして下さい。
・特に安全通路、作業通路上の資材・残材の片付けをお願いします。
・安全設備の復旧及び火気使用後の火の元点検を行って下さい。
・電源の切り離しの確認をして下さい。

(6) 作業終了及び退場の報告
　職長は作業終了の報告を行って退場して下さい。

(7) 残業
　原則として残業はできませんが、作業上、やむを得ない場合は昼の打ち合わせ時に申し出て了解を得て下さい（騒音の出る作業はできません）。

(8) 一斉清掃（毎週金曜日13：00～13：20）
　全員参加により場内の清掃を行います。

3．安全衛生対策

(1) 安全朝礼には、当日の当該作業員は全員出席する。

(2) 新規入場者は、当日の朝礼後、入場教育を受ける。

(3) 使用電動工具、機械はすべてアース付きとし、持ち込み時に点検を受け、ステッカーを張ったものについてのみ使用を許可する。

(4) 火気使用工事は前日の作業打ち合わせ時に火気使用届を提出し、承認を受けた工事のみ作業を許可する。

(5) 作業終了時には使用工具・用具は所定の場所に返納し、持ち場の後片付け、清掃を実施する。

(6) 作業中の喫煙は厳禁とする。喫煙は指定場所にての喫煙のみ許可する。

(7) アセチレンガス溶接溶断工事については、アセチレンガスボンベを垂直にしてゲージ取り付け部に逆火防止装置を取り付ける。

(8) 各職種ごとの安全衛生対策はそれぞれに記した項目を遵守する。

4．工事車両について

(1)工事関係車両は、事前（搬入前日まで）に車種・台数、時間等を申し出てください。

(2)工事関係車両の入場は、原則として8：00以降とします（作業の都合等により8：00前に入る車両は事前に打ち合わせのうえ、7：00以降に誘導員立ち会いのうえで入場し、待機中は必ず、エンジンを切ってください）。

(3)工事関係車両は進入許可を得てから誘導員の指示により入場してください（4 t車もこれに準じてください）。

(4)進入路においては最徐行（10km／h以下）で通行してください。

(5)通勤車両等も指定進入路を使用し、最徐行で通行してください。

(6)通勤車両等は現場内に駐車せず、指定の場所に，駐車してください（駐車場が制限されますので、通勤にはなるべく電車・バス等を利用してください）。

以上皆様のご強力をお願いします。

8 作業標準例

特徴：主要作業ごとに作業標準を作成し、作業が実施されている。

作業標準

作業名	外部足場作業	作業員内訳	作業主任者、鳶工
機材等	安全帯、水平親綱、レベル			

作業区分	作業手順	段取り・注意事項
準備	作業前のミーティングを行う	作業員全員集合する。
	TBM、作業開始前点検他	作業主任者・職長を中心に次の事項を行う。
		(1)作業の時期、範囲及び順序を周知させる。
		(2)関係者以外の立ち入りをさせないことを周知させる
		(3)雨、風の場合の作業中止
		(4)墜落防止の措置について周知させる
	関係者以外は立入禁止にする措置について周知させる	(1)建物からの出入り口にバリケード、トラロープを張る
		(2)建て方解体時には周囲に関係者以外を近づけないよう立入禁止の表示をする

作業区分	作　業　手　順	段　取　り・注　意　事　項
点検	材料及び作業員の服装について点検する	(1) 使用する足場材の欠点の有無を点検して不良品を除く
		(2) 器具、工具、安全帯及び安全帽の機能を点検し、不良品を取り除く
作業	敷き板を敷く、下地を平たんにする	地盤が軟弱のときはつき固めをしながら
	敷き板を敷く	ジャッキベースの中心になるように、通りを見ながら
	ジャッキベースを取り付ける	枠中に合わせて釘止めして、ずれないように
	立て枠を取り付ける	レベルで水平を見ながら
		ジャッキベースをあまり上げないように
	鋼製布板を取り付ける	両側を2人で持って
		4隅ロックを確実にはめ込む
	ブレースを取り付ける	外れ止めピンを確認して
	根がらみを取り付ける	異型クランプで
		通りを見ながら

作業区分	作 業 手 順	段 取 り・注 意 事 項
	枠組階段を取り付ける	脚部に浮きがないように図示の場所に
	二段目立て枠を取り付ける	立て枠は手渡し作業で
	ブレースを取り付ける	
	鋼製布板を取り付ける	
	壁つなぎを取り付ける	図示通りに
		垂直方向9m水平8m以内に
	枠組階段を取り付ける	
	立て枠間に水平親綱を張る	水平に上下のすべりのないようにたるみなく
	セーフティベルトと結束する	
	以下最上層まで繰り返し	
	足場の組み立て等の作業主任者の下で検査を行う	(1)壁つなぎの位置
		(2)手すりの位置と高さ
		(3)作業床での開口部の有無
		(4)枠組みの止まり部の手すり

作 業 標 準

作業名	外部足場作業	作業員内訳	作業主任者、鳶工
機材等			

作業区分	作業手順	段取り・注意事項

建設現場における 安全衛生活動の進め方

平成25年6月15日　初版発行

編　者　労働調査会出版局
発行者　藤澤　直明
発行所　労働調査会
　　　　〒170-0004 東京都豊島区北大塚2-4-5
　　　　TEL　03-3915-6401
　　　　FAX　03-3918-8618
　　　　http://www.chosakai.co.jp/

ISBN978-4-86319-358-1 C2030

落丁・乱丁はお取り替え致します。
本書の一部あるいは全部を無断で複写複製することは、法律で認められた場合を除き、著作権の侵害となります。